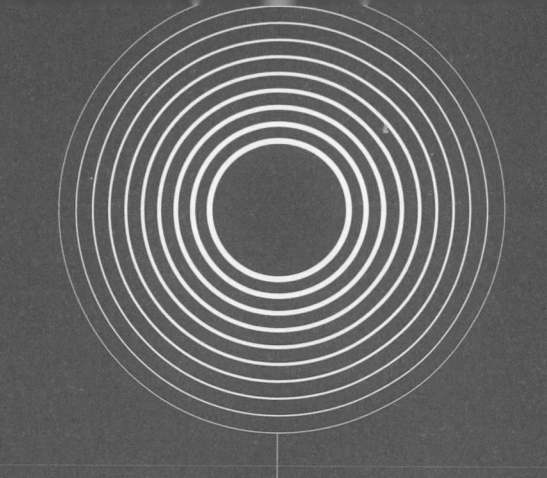

查核心法

心法

風險與效益間的稽核實戰

蔣永寵 著

經營管理的失落環節

目錄

稽核與查核的實務智慧

李吉仁／
台灣大學國際企業學系名譽教授、誠致教育基金會副董事長

　　內部稽核（Internal Audit, IA），在企業組織中的角色，可能只是個幕僚單位，但若從公司治理的角度，內部稽核卻是直接向董事會負責的重要功能。內部稽核的功能，固然是在確保內部控制制度的有效性、財務報表的可靠性，以及相關法令的遵循，以協助管理階層達成企業預期的發展目標，但如何達成稽核的效能，卻有不同的「檔次」。

　　最起碼的層次是做到合規（compliance）的層次，亦即以內控制度與法令規範的遵循為依歸，這樣的稽核，比較像是「警察」的角色，以防止不法為要務。但是，真正的稽核功能，是能夠從人性與行為面上，發現制度上「容易」發生舞弊的弱點，再據以優化制度的實務有效性，以強化營運與永續的能力（competence）為目標，比較像是「醫生」、甚至是「教練」的角色，以改善體質、強健體魄為終極目標。

　　由於稽核的任務涵蓋企業的各種營運循環，工作所需的知識廣度相當高，不僅需要長時間的學習養成，更需要有跨事業與功能的多元歷練；若再加上對實務運作經驗的熟悉，以及在組織內部能順利進行密調察查的執行能力，優秀稽核人才的培育發展，誠屬不易，而這也常常是企業在提升稽核功能檔案的最大瓶頸。

　　有鑒於稽核實務的複雜度與默會性，本書作者將其多年的稽核查核經驗與反思，轉化為一本非典型的職能工具書；全書以查核心法原則為經、實務案例為緯，交織成一本兼具稽核工作靈魂與查核實務縱深的葵花寶典。尤其特別的是，作者巧妙運用古今中外有趣的故事，引導讀者理解複雜案件背後的簡易智慧。

　　為了不要讓讀者迷失於不同案例的複雜脈絡裡，作者以四個區塊主題知識，呈現他想要表達的「查核心法」；分別為第一部分談稽核決策思維（要不要查）、第二部分談查核方法（該怎麼查）、第三部分談查核資訊（資訊收集）、與第四部分談事前事中控制（錯誤之前）。綜觀這四個知識區塊，雖然未必完全窮盡稽核查核所需的有形知識，但肯定可以充實一般稽核教科書所不足的實務洞見。

　　最後，作者能夠在實務忙碌的工作之餘，有計畫地復

盤成功與失敗的個案經驗，透過自我反思與再學習，整理成有條理的可行知識，再透過專書出版與社會大眾分享，提供稽核領域的後學者，明白易懂的查核方法與心法，可說是值得肯定的專業成就，也是職涯發展的重要里程碑！

從「解構難題」到
「建構心法」的查核者內功

蕭家旗／
財政部國庫署署長、中華民國內部稽核協會第16屆副理事長

　　我跟作者蔣永寵先生認識是在2014年12月，場合是由他在借用國立大學社團中心自辦的稽核人員週末分享會；之後至2021年5月因疫情升級，停辦，聽說已經舉辦76場。沒有想到今年（2022年）3月底接到他的聯絡，詢問能不能幫他的書寫推薦序；原來稽核人員週末分享會停辦以後，他竟然開始寫書，並已經與出版社簽約，準備出版。這一歷程給我兩個感受，其一是作者對於稽核工作的熱情，如果沒有熱情，無法持續每月舉辦一場週末分享會。另一是作者對於所悉查核案件的省思及歸納能力，這種將過往經驗歷程「解構」，再重新「建構」化作自身知識體系的作法，是有效提升各類領域知識的技巧，值得本書讀者們刻意練習。

　　在過往的書籍中，介紹查核相關理論、原則、操作步驟、新聞報導等的不少，可是以解構查核難題，再重新建構之查核心法的書籍，這是目前僅見的一本。這本查核心法中有實務案例、有思考方式、有實施方法，例如在要不

要推動新的組織制度與變革時，管理學書籍都會提醒要注意組織文化（或控制環境），本書則以體制定位、競爭環境、運作結構、控制原則、控制成本等五個面向進行實例說明；在怎麼查核方面，大家都知道必須先了解組織及作業目標，本書則建議使用第一性原理及底層邏輯檢視目標，並鼓勵查核人員不要侷限於自身的想法及經驗；在怎麼驗證訊息方面，本書則活用正話反說、挾知而問、投石問路等先哲智慧，及做出明確示範；在防患未然方面，本書則提出辨識因果關係及如何取得作業單位信任等事前、事中的介入方式。

最後，關於本書，必然可從閱讀中了解查核方式的靈活，只是閱讀查核案例之餘，希望讀者達到以下三個目標：

一、更為完整的思考方式，彌補查核認知的結構性不足；

二、更客觀的分析現實和現狀，兼顧查核深度及在取捨中解決問題；

三、更為扎實的基礎，其後根據個人經驗添磚加瓦，建構出適合自己的查核知識體系。

專業稽核與高階主管的必讀佳著

推
薦
序
③

賴弦五／
中嘉數位副董事長、台灣之星總經理

　　企業經營方面的書有很多，企業的主管或多或少都有涉獵，但企業經營的書卻鮮少有針對企業經營所面對營運風險如何稽核及控制有所著墨。但是觀察過去20年經營不善而倒閉的例子，多與內控不佳或風險控管脫不了關係。即以2000年初的安隆（Enron）事件、世界電信（World-Com）假帳事件、2008年李曼兄弟（Lehman Brothers）倒閉的事件、AIG保險公司的財務風暴，國內金管會對各金控公司的罰款迭創新高，都與內控有問題相關。因此公司治理如何加強內控及風險控管逐漸成為顯學，是公司經營者及高階主管必修的課程。

　　但內控及風險控管必須有良好的實務經驗，因為道高一尺，魔高一丈，畢竟公司事務千頭萬緒。沒有良好的實務經驗，空有理念及理論可能造成公司很多事情滯礙難行，畢竟公司是營利組織，一切必須考慮效益及效率，因此如何做好內控取捨之間是門大學問。

　　稽核組織在公司一向是位高權重，但多數部門卻抱著戒心，甚至有時認為是必要之惡為找麻煩的。但如果稽核組織又專業又有實務經驗，則對很多高階主管而言是一個福氣，畢竟現在是知識經濟時代組織業務複雜，主管也不一定能了解所有的事。如有專業的稽核組織查核確認流程，甚至參與計劃將有助於成就一個良好的流程或計劃。

　　本書作者蔣永寵是我過去的同事，對稽核工作又有熱情，又有想法，他所寫的查核心法兼具理論方法、心法及實務，讓人一窺稽核角色及其工作。

　　稽核一般主管認為就是確保公司把事情做對，而狹義的解釋就是事情有沒有依所規定的SOP做，如果有就是查核無誤，如果沒有就是有問題，至於SOP是對或錯，就不是稽核的權責了，但作者認為稽核人員的職責有必要去檢視SOP的合理性，進而去改善。而更進一步，作者以為稽核人員或公司經營階層也不必劃地自限，稽核在很多時候可以確保公司有做對的事，如書中的「案例3:因應競

爭，舊品組成新品出售」是否進言。作者認為稽核以第三
者或旁觀者的立場更能明辨是否有做對事，進而協助公司
改正以往不對的作為。事實上前述歐美公司的案例，往往
沒做對的事所造成的風險及傷害更大。

　　作者在書中不但有理論、辦法、心法、實務更以很多
實際的例子說明，其中更有許多例子貫穿全書，很多事情
他講起來就像福爾摩斯探案，抽絲剝繭極為有趣，讓人讀
的津津有味，完全沒有查核書籍讓人覺得枯燥無味。

　　這本書不但對專業稽核人員有很大的幫助，同時對一
般公司的高階人員更有幫助。即使我擔任高階主管多年，
我讀完時仍大有收穫，對於內控及風險控管的工作有更完
整及清楚的了解。因為藉著這本書公司各級人員能了解稽
核的工作價值而能善加利用，互相協助，則任何組織必可
有更健康的發展，因此很樂意大力推薦本書。

推薦序 ④

稽核專業與影響力

黃允暐／
中華民國內部稽核協會第18屆理事長

　　「國際內部稽核協會」（The Institute of Internal Auditors, IIA）在2020年發布了最新的三道模型（Three Lines Model），內控各功能間的有效的協調、協同和溝通被強調，我也曾在同年銀行公會所主辦的研討會「建構金融機構全面遵循體制」研討會中，特別提出說明。不過內部稽核人員的重要角色仍然吃重，三道模型原則描述了內部稽核獨立性的重要性和本質，將內部稽核與其他管理職能區分開來，並賦予其獨立和客觀地對目標達成之所有相關事項確認和建議的獨特價值。

　　稽核要能夠獨立與客觀地發揮其獨特價值，當然要能辨識企業風險，並且對相關事項確認，這很大一部分來自於稽核的基本工作-查核的能力。查核當然並不是事後諸葛在問題發生後去多番苛責，也不是按照標準作業程序去找出非屬風險的雞毛蒜皮小缺失，如何能在發生當下去思考問題，怎麼去一步步地解譯問題，進而直指核心，真正及

早發現重大缺失，以儘早修正、精進或優化。雖然協會與各種專家學者在過去出版了各種稽核專業架構、執業準則指引等專業書籍，但是非常缺乏由實務工作者經驗所發展的案例解譯書籍。

剛好與我同英文名「Brian」的本書作者蔣永寵，是我四年前起在中華民國內部稽核協會擔任理事所認識，稽核專業非常值得敬佩的從業先進。他適時地將長年的稽核工作經驗，經過精心規劃演譯轉化撰寫成這本可供稽核從業人員的查核心法，也補足了理論書籍的不足，更可增進實務工作者的專業能力。書中共計50個大小案例，可讓讀者容易反覆思考與推演，應用於自己所面對的實務問題中。

這是繼兩年前，第一本中文舞弊稽核實務的精采書籍由高智敏先生推出後，再一本非常札實的稽核實務心法，當然稽核人員都應該必讀的好書。值得特別一提的是，蔣永寵和高智敏目前都是內部稽核協會第十八屆的志工，分別擔任理事與常務理事。身為本屆理事長，特別榮幸地能為這本書推薦為序，也期待能持續有稽核、法遵、風險控管等各方面的各方內控專業人士，大家共同努力發揮專業影響力。

「查核心法」使用說明

高智敏／

舞弊稽核師、《財星500大企業稽核師的舞弊現形課》作者

心法使用指南

　　與多數商業領域相同，內部稽核的相關知識與話語權皆來自西方，引入本地時多以翻譯為主，較少因應本地特殊治理環境所獨創的概念，因此初次看到作者Brian非典型稽核職涯所累積的Street Smart，以及精心整理後看似另闢蹊徑、實則緊扣邏輯的查核心法，十分驚喜，私以為每位想要做出價值的內部稽核人員都應人手一本。

　　不過，由於作者希望此套心法不僅侷限於內部稽核使用，因此為了保持通用性而做了適度的抽象化，加上內部稽核實為一門「藝術」，隨機應變與因地制宜是常態，按部就班照表抄課反而是異常，因此初學者想快速掌握此心法之精隨並不容易。

　　本使用指南將解析心法的四大部分與技巧間相互的關係，並以實例讓查核新手了解如何循序漸進的善用心法；

接著依照不同身分背景的讀者，提供建議的閱讀與使用
方法。

心法架構說明

　　對於初學者來說，應該很容易看得出心法這四部分的
架構與順序。第一部分的「要不要查」為查核規劃時的參
考原則，第二部分「要怎麼查」則著重查核方式的設計，
第三部分「資訊收集」是實際查核時找到關鍵資訊的重要
技巧，最後一部分「錯誤之前」傳授查核人員能夠如何更
主動、在事發前積極預防。

　　對於經驗較豐富的老手來說，會發現其實每一部分
之間的技巧，並非如井水不犯河水般這麼涇渭分明，每一
個環節的手法都可交互使用，甚至彼此之間的精神與立意
是類似的。以本書中「張大千壁紙」的案例來說，雖然心
法是屬於第一部分，不過其實是實地查核時（第三部分）
經常遇到的困境；「從旁觀者角度思考」與「提高格局層
次」，從第一性原理的邏輯上來看其實並沒有太大的差別。

　　因此，試圖了解案例想引出的「困境類型」，以及
作者為何採用對應的技巧後，再想方設法應用在實際查核

中，才是比較適宜的讀法與用法。

　　舉例來說，讀了「跳脫單一焦點」後，除了知道如何說服工廠排夜班時不要只抓資淺人員，應該還能舉一反三，利用這個技巧把問題「升級」。假設我們抽核發現人資主管某天上班沒刷卡，還沒讀通心法前的處理方式大概是要求人資單位自己落實規定，人資單位的回覆大概也是「純屬意外、爾後改進」的官樣文章；讀通了心法後，我們應該會把這位主管半年來的考勤資料都調出來，確認是偶發的單一事件、慣犯或另有其它怠勤情事；若不幸發現是慣犯，應該也知道不僅須按規定處分，還需將此問題升級到人資主管「知法犯法」的不適任情形。

各行各業都可「得其門而入」

　　另外，不同身分的讀者，在閱讀與使用此心法時，方式可稍作調整：

・內部稽核人員

　　　由於稽核人員工作重點在於實際查核的執行，因此建議新手稽核可以專注第二與第三部分，並且先從

「模仿」開始，把心法利用在類似的案例與困境中；較資深的稽核，可以往第一與第四部份擴充，並把案例與過往經驗不斷對照印證，以求達到觸類旁通、隨心所欲應用的境界。

• **內部稽核主管**

　　由於稽核主管實際執行查核的比例較低，故建議從第一與第四部份先下手，了解目前查核規劃是否仍有調整空間，以及花在預防再發的比例。當然，稽核主管也同時肩負培育與指導的責任，因此第二與第三部分亦不能偏廢，如此才能為部屬在查核遇到困難時指出正確的方向。

• **獨立董事／監察人**

　　最基本的做法，是針對書中提到的案例，要求稽核主管檢視公司是否存在類似的案例或風險，並要求提出專案查核報告；再進階一點，則可要求稽核主管唸完此心法，並針對如何應用到內部稽核工作提出詳細規劃；而最高級的用法，是親自深讀此書並內化心法後，於審閱稽核報告時提出關於查核方式、查核建議與改善方案的不足之處，並給予明確的指導。

• **其他管理職能**

　　經管、特助、財會、風險管理等單位，或多或少都承擔了一點管理監督的責任，此心法第三部分的各種技巧，非常適合「非稽核」單位在核對經營績效、管理商業問題時使用。當然，若心有餘力，第四部份也非常值得投入，好把時間花在「重要但不急迫的事」。

- **純粹好奇的路人**

　　請忽略架構，泡杯咖啡，找個最舒服的坐姿，閱讀這一篇篇「職場現形記」，好好享受作者遇到的形形色色、千奇百怪的真實案例吧！

結語

　　對於此心法之技巧命名與定義，以及架構是否互斥獨立等皆不宜深究，避免掉入牛角尖迷宮。閱讀此書的重點應放在了解案例的背景、發生的問題、作者的思考脈絡、為何使用此技巧、此技巧為何可解決此問題、此技巧適合自己的組織嗎等議題，如此方能發揮此心法最大的威力。

　　個人最推薦的讀法，是讀完案例的背景描述後先將書本闔起來，花個十分鐘仔細思考，若你是Brian會如何解決

這個問題，最後再與作者的解決方案驗證，並比較不同方案的優劣差異。如此練習下來，相信你也能創造屬於自己的心法，甚至達到「無招勝有招」的境界。

內部稽核領域第一部心法書籍

蔣永寵／

知名企業稽核主管、國際內部稽核師

　　組織中有一個神奇的職能，有一部分的老闆或組織高階主管不喜歡這個職能的人，因為他們常常將法令遵循及風險等事項掛在嘴上，提醒這個不能做、那個不能做，容易讓老闆或組織高階主管心生晦氣。大部分的組織成員也不喜歡這個職能的人，因為他們會像風紀股長一樣糾錯，並將這些過失整理，向上呈報，所以讓組織成員下意識的跟這些人員保持距離。

　　偏偏在某些場景，這個職能又被賦予崇高的期待。例如遇到異常現象時扮演柯南，論斷是非曲直時扮演包青天，驗證工作流程之設計及執行時扮演檢查官（或保證人），具有缺失事項時扮演矯正署暨輔導改善人員，規劃作業配套措施時扮演組織顧問，檢討經營績效時扮演數據分析師，主管機關或外部單位前來檢查時扮演溝通專家，面對組織的資產安全及投資人權益時扮演忠實的守護者。

　　到底什麼職能這樣神奇？這一個職能叫做「內部稽核

（Internal Audit）」。根據法規，台灣2,400多間上市、上櫃、公發等公司皆須設置隸屬於董事會的內部稽核單位，「目的在於協助董事會及經理人檢查及覆核內部控制制度缺失及衡量營運之效果及效率，並適時提供改進建議，以確保內部控制制度得以持續有效實施及作為檢討修正內部控制制度之依據」。

其實，法規所述目的或前述崇高期待，這些都是建立在「查核」行為的基礎之上，根據所查事實，做出客觀的判斷及結論。然而對於「查核」，一般人有著兩點誤會，一是只有會計師或依法設置的內部稽核才有執行需求；二是一定要按照標準流程，是一種沒有彈性、黑白分明的科學。

實際上，在企業或組織，只要是負有「監督」職責的職務，或多或少都具有「查核」的任務與工作。經營管理部門檢查業務單位績效、會計單位檢查差旅費用合理性、單位主管檢查部屬報告、併購公司前的盡職調查、人資對候選人進行背景調查等，都是屬於「查核」範疇。

再者，提升思考層次。從查核生命週期來看，光「要不要查」這個議題在不同情境就有不同答案，更遑論「怎麼查、如何驗證各種資訊、怎麼避免只能亡羊補牢」等複雜考量因素，因此才會有人說「查核是一門藝術」。

　　鑒於華文世界中，教導如何「點檢勾稽、查對帳務」等操作類型書籍不少，卻沒有教導我們深入思考查核意義、如何拿捏查核力度、如何面對受查者千奇百怪反應等心法類書籍。本書希望彌補這個空缺，用數十個真實案例帶出作者多年經驗所歸納出來的自創心法，期望以此梳理「查核」這個與許多的人深切相關、卻未曾被好好回答過的議題。

主題與致謝

　　本書包含的內容有：

- 哪裡用得到查核？
- 查核之前，如何決定要不要查？
- 決定要查之後，該怎麼查？
- 過程中收到許多雜訊，如何排除？
- 除了事後，如何事前或事中查核？

　　本書適合閱讀及使用對象有：

- 內部稽核
- 外部稽核（會計師、第三方認證等）

- 經營管理及主管幕僚
- 企業老闆、獨立董事
- 政府單位人員
- 管理、商學等相關講師（作為案例）
- 其他需要查核職能之人員

　　這本書的最初起於2014年初的某日，作者心中有所感悟，將許多過往查核經驗與案例予以串聯、反思、自省，歸納出這部查核心法。

　　同年4月得到蔡琪銘先生邀請，於電腦稽核協會新竹分會分享（作者首次公開演講），並將大綱刊登於《電腦稽核期刊》（No.30, 2014/07）。

　　2021年9月受到高智敏先生鼓舞，及其後續之討論、催更，終於著手完成書稿。

　　除此，亦感謝這些年間包容我見識淺薄及禮數不周的同仁和受查單位，本書面向才能如此多元與豐富。

楔子 ① 董事長好友以極低成本購買公司品，要不要查？或怎麼查、怎麼驗證、怎麼防範公司損失？

　　小布是一名內部稽核（Internal　Audit）人員，負責所在組織之營運及作業事項的確認、核實，並依查核結果促進管理階層或作業人員為達成組織目標的效果與效率進行提升或改善。

　　某日小布分析公司客戶銷售毛利率，發現客戶代碼SP-WGO001毛利率只有5%，遠低於公司正常銷售毛利率32%。進一步觀察，發現負責該客戶的業務人員信哥幫該間客戶同時申請了銷售折扣、售後折扣（Rebate）、出貨搭贈（例如買十送一）等促進客戶購買的銷售條件。

　　依據公司慣例，在同一期間中銷售折扣、售後折扣、出貨搭贈等3項促銷條件只能申請其中一項。小布進一步確認申請流程，發現申請流程完全符合公司規定；因為給予此客戶的銷售條件特殊，信哥依照公司核決權限特別簽核至財務長及總經理。

　　小布尋找相關核准之簽核人員進行詢問：為什麼核准同意這麼優厚的銷售條件？

　　產品經理、業務處長、財務長、總經理等皆表示：這間客戶是董事長好朋友開立的，董事長在公開場合表示「這間客戶是我好朋友開的，你們要好好照顧」，因此核准信哥的申請。

小布遇到了第一個情境上的問題，要去向董事長求證嗎？

　　基本上，產品經理、業務處長、財務長、總經理等應該聯合起來說謊的可能性不高，如果去向董事長求證，會不會自討沒趣；而且還很有可能被產品經理、業務處長、財務長、總經理等誤會，認為小布懷疑他們的判斷能力或認為他們的誠信有問題。可是如果不去求證，怎麼知道事情一定是真的；再說確認事情，該詢問時就該詢問，不應該因為對方的身分（例如董事長、經營階層等高階主管）而有差異。

小布遇到了第二個情境上的問題，要怎麼確認？

　　決定要去向董事長進行確認後，推演一下對話情況，向董事長直接詢問「公司正常銷售毛利率32%，聽說SPW-

GO001這間客戶是您好朋友開的、毛利率只有5%，您覺得是否需要調整？」接下來可能有以下幾種狀況。

狀況一：董事長回覆「這是假的、不真實的」。

恭喜！破案了，可是這種機率很小。

狀況二：董事長回覆「我是交代好好照顧」。

然後呢？！畢竟這間客戶還是賺錢的，只是少賺、不是沒有賺；可是可以因為身分是董事長好朋友開的，就可以減損公司原本應得的獲利嘛？！

狀況三：董事長回覆「我沒有這樣交代」。

這裡必須考慮董事長是真的沒有交代，還是不好意思承認有交代。真的沒有交代，表示這一連串審核及核准的人都有問題；不願意承認有交代，這是甩鍋給這一連串核准的人，後續要不要對這一連串核准的人究責。

狀況四：董事長根本不予回覆。

這樣情況，除了無法達成確認的目的，還讓產品經理、業務處長、財務長、總經理等烙下小布不相信他們職

業操守的印象。

　　很多事情的因果關係不是單純一對一的關係，相對低價銷售不只是造成毛利減損這一個結果；只要相對價差足夠大，另一個結果是紊亂市場銷售秩序的流貨（故意將某一個銷售區域中的貨品銷售至其它區域）。因此不應在較低毛利的這一件事情糾纏，畢竟這間客戶仍然是賺錢的，只是少賺、不是沒有賺；應該確認有沒有造成「流貨」這個更為嚴重的負面影響，以及是否有人從中不當得利，最後將所有相關結果一併與董事長報告（這樣改善價值才大）及請示。

小布遇到第三個情境上的問題，如何確實驗證疑問？

　　現在確認方向已經重新設定，可是本案例中內部申請紀錄完整、符合公司作業流程規定；而且小布想要驗證的疑問，「是否具有影響市場銷售秩序的流貨行為及是否有人從中不當得利」等，不是從公司內部可以觀察出來的現象，更不可能大喇喇地去問「你們有沒有流貨？有沒有從中中飽私囊？」如果是這樣去問，不是被轟走、就是被當成神經病請走。

　　凡事躬身自省，自己還有沒有漏掉的資訊、還有沒有尚未注意的細節？當自己無法從內部獲得更多的資訊時，可以思考向外求（收風或尋找吹哨者）。在小布的經驗中，收風對象或吹哨者可以分成9類（此處不作敘述，第6.2節將詳細說明），其中建議優先尋找價值關係的銜接者（例如某公司供應鏈的成員、某項價值傳遞過程的成員）、利益關係的競爭者（例如某公司或某人的競爭者、另一名已知的舞弊或疑似舞弊者等3類。）

　　小布判斷這次適合從「價值關係的銜接者」著手，尋訪價值鏈中的成員取得線索。小布以調查暨提升通路服務品質的名義直接拜訪客戶SPWGO001，拜訪名義是想了解公司對於客戶的物流品質（送貨及收取退貨）、公司的產品如何被存放以防變質、公司帳期與其它廠商比較是否苛刻、客戶對於公司產品及市場銷售操作有無建議、客戶有無對於公司不滿意或其它可以為客戶代為向公司反應的地方。通常詢問時，小布喜歡訪談基層員工，基層員工中小布喜歡從庫務人員開始詢問；基層員工可能不知道大方向的事情、不知道營運事項的關鍵訊息，可是他們知道作業細節，而且警戒心比較低。例如庫務人員一定知道客戶實際進出貨狀況、客戶大致有哪些出貨對象，而這些都跟這

次想要驗證的方向直接攸關。

　　當日抵達客戶公司門口（未事先通知），以電話與客戶聯繫窗口說明調查暨提升通路服務品質的來意，並請其向公司確認身分後，小布告知想先了解公司物流配送情形及公司產品的存放情形，因此第一站即往客戶倉庫出發。

　　在與庫務人員詢問物流情形及有無建議事項時，一段具有異常訊息的對話如下。

庫務：你們公司貨品調度有問題，你們信哥常常跑來借貨，增加我的工作量。

小布：信哥常常來借貨，有多常？他還貨準時嗎？你們有沒有借貨管理流程或表單？

庫務：有多常借貨，我沒有統計！反正就是常常。而且你們信哥從來都不還貨，都是來還現金。我們不像你們大公司訂定一堆流程，可是借貨要填借貨單。

小布：大哥您一定知道，稽核工作非常死板，回去都要寫報告。信哥的借貨單能不能讓我影印最近幾個月的回去寫報告用，這樣我報告厚度多一點，好交差。

庫務：我們現場單據只有存放半年，半年以上的
　　　打包入庫存放。這半年的單據在這，你自
　　　己找找，自己印。

　　小布找出及影印信哥近3個月借貨單，觀察發現信哥近3個月幾乎每週都有借貨。接著小布前去辦公室請問會計人員公司帳期及有無建議事項時，穿插詢問如下。

小布：你們真的很支持照顧我們家生意，而且信
　　　哥還常來跟你們借貨，製造你們的行政作
　　　業，真是不好意思。對你更不好意思的是
　　　信哥都是還現金，雖然不用讓你們的庫務
　　　再辦理一次入庫作業；可是你們會計就累
　　　啦！還要多作將借貨轉成銷售的相關作
　　　業。對了，你們都是用什麼價格給信哥？
會計：你們信哥服務得很勤快，就用成本價算給
　　　他囉。

　　回到公司後，小布先請公司會計幫忙確認，公司近一年中沒有收到過客戶SPWGO001的發票。整理一下現在情

況，客戶SPWGO001貨品取得成本相較其它客戶平均少了27%，信哥以平價向客戶SPWGO001取得貨品，即信哥取得貨品的成本也相較其它客戶平均少了27%。目前雖然不能證明信哥取得貨品用途，可是已經具備流貨（將貨品流轉至其它銷售區域）賺取價差的條件。

小布尋找信哥請教「借貨還現金」的情形，沒想到信哥慷慨激昂表示「我自小仰慕古人仗義而行、急公好義，我向客戶SPWGO001拿貨，是幫助業務弟兄作客情、幫助他們達成銷售業績、讓公司生意更好」。

對於信哥的慷慨陳詞，小布可以尋找其他業務人員進行驗證，可是這樣動靜比較大，若要執行，需要先報備及得到核准。而且信哥是總經理愛將的愛將、財務長愛將的外甥，若貿然擴大調查，可能是小布自己嚴重內傷。但是不論信哥所言是真是偽，做客情不是由信哥來做，也不是用這種方式來做；而且現在只有信哥去跟客戶SPWGO001拿貨，他日有沒有可能其他業務人員依樣畫葫蘆的去拿貨，甚至其它通路客戶（盤商）直接走這條管道進貨！這樣公司整個通路銷售秩序將被打亂。

查核至此，小布決定先分別禮貌性告知財務長及總經理相關發現（以防這2位長官覺得被背後開槍），再向董事

長報告。結果財務長與總經理決定一起陪同小布去找董事長，董事長聽取報告以後，表示「我是有公開講這是我好朋友開的公司，你們好好照顧，可是沒有交代使用這種方式照顧」。三位長官當下決定取消售後折扣，銷售折扣及出貨搭贈皆予減半；經過換算，該客戶銷貨毛利每年增加約6百萬元。

　　至於相關人員究責，小布心中想法是「長官們不提、那我也不提，重點是問題現象獲得改善，以及如何再發防止、有問題時能夠提前發現」。

小布遇到第四個情境上的問題，
如何防止類似問題再次發生？

　　關於事情發生錯誤之前如何防範，或減少發生機會及降低發生時的損失，概分兩種方式，一是加強管理、一是在錯誤發生完畢以前察覺。

　　在加強管理方面，本例增加了客戶毛利率地板（下限）的限制，以減少流貨的誘因。並通知所有通路客戶（盤商），發生公司業務人員借貨還現金的行為，皆須開立發票，將發票定期寄予公司，以增加業務人員隱瞞向客戶

拿貨的困難度。

　　由於任何管理方式可能都有不完整或不足之處,在「錯誤發生完畢之前察覺」方面,小布與信哥的後續案例請見第8.2節、提前察覺的方式與案例請見Part 4全篇。

四個問題的省思與本書整體架構

　　前述故事中,小布遇到了4個情境問題。如果沒有妥善處理(判斷),可能演變成為需要面對以下4個窘境,而讓執行查核的人員懊悔不已。

- 窘境1:該查的沒有查,不具價值或討論意義的事情及現象查了一大堆。
- 窘境2:使盡渾身解數,還是查無重大發現(或沒有查到重點、價值不足)。
- 窘境3:問題就在眼前,可是偏偏全無知覺、無法有效察覺。
- 窘境4:自覺很有貢獻,卻被譏笑事後之明,甚至一時不慎自己倒楣。

　　窘境1，這個現象通常是在「要不要查（及深入查核）」的問題上無法做出有效判斷。有些人會覺得「要不要查」怎麼會是個問題？不就是按照排定的查核計畫執行查核！或老闆叫你作你就作！事實上，查核計畫排定事項及老闆指示多半只是一個非常寬泛的方向及概念，然而「要不要查」這個問題中包含「要不要？要什麼？要多少資源（心力／人力）？」3個子題，查核人員進行判斷時因為種種情境的干擾，想偏了。

　　窘境2，這個現象通常是在「要怎麼查」的問題上無法做出有效判斷。有部分查核人員習慣依照前輩傳承的經驗查核、課堂教授的知識查核、顧問提供的意見查核、既有的檢查清單（Checklist）查核，可是忽略了沿著同一條路徑只能看到同一風景，只有不拘既有框架才能將各式風景盡收眼底。

　　窘境3，這個現象通常是在「資訊收集」的過程中無法有效執行驗證。有一些關鍵訊息埋藏很深，需要深入分析與詰問才能獲得。然而有些關鍵訊息明顯地像是資料在大聲呼喊「我有問題~我有異常~趕快驗證」，可是在查核人員對於另外一種事實沒有抗體的情況下，無法適時產生及確認疑問，全盤接收成為默認選項。

　　窘境4，這個現象通常是在「錯誤之前」的時間點無法有效予以注意。當錯誤發生，拿著木已成舟的損失金額，固然更能提醒管理階層注意，可是損失一向很難挽回，查核人員甚至可能遭受「為什麼之前沒有查到（或提出適當意見）」的不合理責難。

窘境	症狀	發生問題的階段	有效的解決方式
1	該查的沒有查	要不要查	避免情境干擾
2	查無重大發現	要怎麼查	不拘既有框架
3	異常無法察覺	資訊收集	確實驗證疑問
4	錯過挽救時間	錯誤之前	謹慎有以待之

　　對於上述4個窘境及症狀，本書將逐一說明發生原因及提供解決方式，概念如下。

Part	參考原則	實踐方法
1. 要不要查 ～避免情境干擾	第一章 不以一時決定	1.1 思考短中長期利弊 1.2 從旁觀者角度思考 1.3 根據底層邏輯調整 　　 認知
	第二章 尊重核心原則	2.1 釐清核心原則 2.2 正念思考 2.3 風險評估

Part	參考原則	實踐方法
2. 要怎麼查 ～不拘既有框架	第三章 避免畫地自限	3.1 保持開放心態 3.2 提高格局層次 3.3 在取捨中前進
	第四章 推演後續影響	4.1 注意滯後效應 4.2 跳脫單一焦點 4.3 交叉複現狀況
	第五章 攻錯他山之石	5.1 虛心求教 5.2 建立基準 5.3 狀況分類
3. 資訊收集 ～確實驗證疑問	第六章 正話反說	6.1 倒言以嘗所疑 6.2 聽取反面聲音 6.3 假設自己作弊
	第七章 挾知而問	7.1 展現已知 7.2 假裝不知 7.3 戰略舉證
	第八章 投石問路	8.1 做個實驗 8.2 適時等待 8.3 請君入甕
4. 錯誤之前 ～謹慎有以待之	第九章 事前預想模擬	9.1 假設合理 9.2 探求真意 9.3 確定因果
	第十章 設置事中指標	10.1 適時介入 10.2 留意感覺 10.3 通報機制

楔子 ②

歷史經典戰役「圍魏救趙」
與本書的四個問題

　　魏國為戰國初期第一軍事強國，具有中國歷史上第一支重裝部隊（史稱 魏武卒）。根據《荀子·議兵篇》記載，魏武卒身穿3層鎧甲、頭戴鐵盔、背負12石之硬弩及50隻弩矢、手持長戈、腰懸重劍、攜帶3天乾糧，如此行軍一百多里只要半天。根據《吳子·勵士篇》記載，公元前389年（周安王13年）陰晉之戰，名將吳起率領魏武卒5萬人戰勝秦軍50萬人。由這2段記載可以大致推論魏武卒戰力強悍。

　　公元前353年魏國出兵趙國，一路進軍至趙國國都，趙國尋求齊國救援。齊國只有釐清本書4個問題，才能成功救援趙國，並且保有最大勝利。

一、要不要救？
～避免情境干擾，才能看清問題本質

　　對於要不要救援趙國，齊國大臣們提出不同意見。反對救援者以齊國相國鄒忌為首，贊成救援者以大臣段干朋、孫臏為代表。

　　反對意見：魏國兵勢迅猛，出兵救趙，得罪魏國。魏國以此發難，齊國損失極大。

　　贊成意見：魏若滅趙，人口及國土大幅增加。趙國一滅，燕國與中山國失去屏障，魏國順勢攻滅，大河之北至陰山草原與遼東海濱皆成魏國國土，其勢再難阻擋。

　　遇事「避免情境干擾」才能看清問題本質。反對者害怕魏國軍力，不敢救援趙國。可是問題不能只看眼前，長期來看，魏國為了統一天下，遲早攻齊。等到將來魏國壯大成為絕對強國，不如現在阻止這種情況的發生，因此齊王決定救援趙國。

二、要怎麼救？
～不拘既有框架，才有可能異軍突起

　　「圍魏救趙」開中國運動戰之先河，毛澤東批語千古高手。在此之前皆是直赴戰場搏殺，可是魏武卒戰力太強，正面交鋒可能只有團滅的輓歌。

　　遇事「不拘既有框架」才有可能異軍突起。孫臏提出沒有必要

一如既往正面交鋒，佯動戰場後方的魏國國都，逼迫攻打
趙國的魏軍部隊回援，放棄攻趙。

三、如何確認在哪交兵？
～確實驗證疑問，才有機會突破盲點

　　魏軍回軍攻打齊軍，有以下2條路徑，齊軍應該在哪裡
準備。

- 路徑一，從山林捷徑輕裝奔襲，將齊軍殺得不及準
  備。
- 路徑二，重兵循著官道或地勢平坦處與齊軍展開
  會戰。

　　遇事「確實驗證疑問」才有機會突破盲點。有些齊軍
軍官按照正常狀態進行推論，路徑二可以讓魏軍發揮最大
戰力，魏軍一定選擇路徑二。孫臏心中倒言以嘗所疑，真
的一定選擇路徑二嘛！孫臏仔細分析此次魏軍主將龐涓的
性格及其過去戰例，認為龐涓性格高傲，在輕視對手戰力
時傾向狂飆突進；齊軍目前戰力的確不如魏軍，若是龐涓

判斷差距夠大，很可能選擇路徑一，放棄重裝優勢，輕裝急行，齊軍即可挑選隱密之處伏擊取勝。

四、如何具有最大勝利？
～謹慎有以待之，才能防範悲劇發生

為能使齊軍在傷亡最小的情況下取得最大勝利，必須增強龐涓選擇路徑一的可能。孫臏採取了以下3個階段性步驟，以確保伏擊計畫可以順利執行。

- 一退敗，故意派遣弱旅庸將，攻打魏國重鎮平陵，齊軍果然退敗
- 二惹惱，接著派遣輕裝部隊，直奔魏國國都方向，作勢佯攻
- 三示弱，再次指示前軍部隊和龐涓交戰，然後潰逃。

龐涓判斷此次齊軍將領庸弱少謀，加上國都被襲的情境壓力，終於選擇進軍路徑一。放棄輜重、輕裝急行，以求速戰，結果在桂陵山地遇伏、大敗。

桂陵山地伏擊戰中魏軍損失將近十萬精銳，魏國元氣

大傷，齊國是否趁此機會進攻魏國？！

　　遇事「謹慎有以待之」才能防範錯誤（悲劇）發生，孫臏為了避免伏擊計畫執行失敗，分了3個階段增強關鍵成功因子，接下來是需要防範另外一種錯誤的發生。魏國雖然元氣大傷，可是剩餘部隊仍有魏武卒存在；事前預想模擬一下，齊國固然能以軍隊人數的優勢慘勝，慘勝以後又怎麼防範它國作收漁人之利。因此齊國為了避免勝利沖腦而做出過度樂觀的擴張行為，選擇默默等待下一次「圍魏救韓」的機會到來，在馬陵山地伏擊戰中殲滅魏軍，讓魏國霸權就此殞落。

註：圍魏救趙4個問題的分析，作者已發表於《電腦稽核期刊》No.30, 2014/07。

1
PART
要不要查
避免情境干擾

某日下午小布趁著轉換工作的空檔拜訪一位前輩，當時下著傾盆大雨，天雨路滑。小布沒有看路，一個閃神，滑了一跤，小布頓時感到左腳傳來一陣劇痛。小布看看左腳，左腳沒有變形。小布心想：我還年輕，應該不會滑一跤，腳就斷了；而且跟前輩有約，怎麼可以失約，要看醫生也應該是拜訪以後再去檢查。與前輩見面後，前輩觀察小布面露痛楚，建議立即去醫院檢查，檢查當下發現左腳蹠骨骨折。

上述情節中小布受到3個情境干擾，因此沒有選擇立即去醫院檢查，而延誤就診。

- 目視左腳沒有變形，判斷不是很嚴重。
- 認為自己年輕（骨本強健），不會這麼容易骨折。
- 已與前輩有約（時間因素），不宜失約。

執行查核任務時干擾是否列入確認事項的情境種類很多，例如楔子一對方身分是董事長而不好得罪、楔子二因為對方強悍而擔心害怕。又如小布骨折的故事，目視沒有變形（表面現象不夠嚴重）、認為骨本強健（相信管理機制健全）、已與前輩有約（查核任務具有結案時間壓力）等，因此選擇不查或下次再查。

可是當有異常訊息出現時，不查（或深入查核）怎麼知道影響

有多嚴重（骨頭裂了），不查怎麼知道管理機制關關失守（骨本沒有你想像的強健），不查怎麼知道日後處理成本如此昂貴（人體移動過程中容易加大骨折程度，所以需要即時就診予以固定）。

案例 1：董事長的費用若有異常，要查？

曾經有人提出疑問「不論什麼原因沒有去查，沒查的事情不少，能有這麼嚴重？」

小布以兩間上市公司的稽核主管為例子，其將情境因素放在問題本質之前思考，因此影響了要不要查的判斷，導致自己的職涯留下陰影。其中一間年營業額200億元，其前後任稽核主管認為「做人留一線，將來好相見」，只要作業單位承諾改善，他們既給予機會，出具沒有查核發現的報告。結果遭到董事會以貢獻不足為理由，請走兩位稽核主管、將稽核4人縮編為2人。

另一間公司年營業額近300億元，稽核編制14人。查核人員當時分析雜項採購，發現兩個異常現象，於週報時向主管初步報告及預計進一步了解。

• 公司幾乎每週購買2打紅酒、2打威士忌，購買原因都是寫董事長宴客，而且不論董事長宴請一個人或宴請一群人都是購

買2打紅酒、2打威士忌。

- 公司今年1~8月陸陸續續購買老虎鉗、電動螺絲起子等合計約91萬元，金額將近去年整年度的10倍。可是公司營業額、營業性質與去年一致，沒有新的裝潢、工程或廠務需求，目前不清楚購買這麼多的用途是什麼。

稽核主管：董事長費用是你有辦法問？還是我有辦法問？老虎鉗、電動螺絲起子等金額不到公司營業額0.01%，不具重大性，你應該去查金額大的品項。

查核人員：還是可以了解沒有開瓶的紅酒與威士忌去哪裡了，這些也是公司財產。或者我們可以主動找董事長吃飯，如果董事長說每週紅酒、威士忌的確是他要買的，我們再考量怎麼做；就算最後真的不紀錄於查核報告，也可讓董事長知道稽核單位確實有在關心公司情況，而且識趣；如果董事長說他不知情，說不定就是類似廣達電腦徐姓秘書模仿林百里董事長簽名，詐領8千多萬元公關費的情事。

稽核主管：只要紅酒跟威士忌的錢沒有超過董事長的公關費額度，就不要管了。

　　因為部門主管對於部門成敗負責，查核人員尊重主管的決定，沒有往下確認了解。約莫5個月後公司收到具名檢舉，老虎鉗、電動螺絲起子等被某些員工拿走變賣，執行長派人查證屬實。約一年後公司決定稽核部門遇缺不補，至今該公司年營業額近500億元、稽核編制7人。

　　既然「避免情境干擾」對於要不要查核（或報告）的判斷如此重要，如何做到避免？本書建議2條參考原則，「不以一時決定，尊重核心原則」。

第一章
不以一時決定

· ·

　　攻打與逃跑是動物生存的本能，受到強烈的情境干擾時，動物容易產生應急反應；此時體內腎上腺素及兒茶酚胺分泌，刺激中樞神經系統，加強動物當下攻打或逃跑的機動能力。可是這種生存本能啟動以後，往往讓人更加專注眼下環境、減少判斷事情走向的思考，進而做出不利於日後的選擇。因此本書提供「思考短中長期利弊，從旁觀者角度思考，根據底層邏輯調整認知」等3個方法，避免這種應急選擇。

1.1 思考短中長期利弊

　　稽核界一直流傳著一個統計數據，約70%產業界公司（公開發行、上櫃、上市）稽核人員只有設置一人。從此數據可以合理推論，許多公司設置稽核人員只是因為法令規定或其它因素（例如相關利益團體要求）強制，而非源於自身需求。因此許多稽核人員在組織地位低落，甚至是從作為一件擺飾開局，其中魚龍變化的發

努力方向，概分4個階段。

實務探討 1：稽核人員的4個生涯發展階段

- **第一階段，當花瓶**。因老闆礙於法規所以才設稽核這職位，在這個階段中組織沒人會理你、只把你當花瓶，只要讓主管機關看到咱們組織有這玩意就好。

- **第二階段，調查員**。當老闆覺得你作事很認真時，會指示你辦一些案子，試試你的斤兩。你的動力在於發覺事實跟找到蛛絲馬跡，沒有所謂的升遷跟獎金，掌聲是別人的，幫助老闆與受人感謝是快樂的。

- **第三階段，國安局局長**。當你展現專業能力，及時為組織發現重大缺失或減低一些重大損失，老闆會更加相信你及委以重任。可是做到這種程度還是不足夠，因為在第一階段沒有人理你，第二、第三階段除了老闆以外，大部分的人對你敬（畏）而遠之。能夠為這份工作付出心力已經實屬難得，表示你對於這份工作有著堅持與情感。

- **第四階段，內部稽核生涯的最後階段**，成為組織內部顧問（Internal　Consultant）。組織內只要有重大專案，所有職能的人都會希望稽核參與，因為他們已經認同不能沒有你。他

們知道只有你會用心在事前辨識風險、事中提醒可能產生風險、事後建立治標與治本的管理機制。而且只有你特別關心營運流程（Operation procedures）可能存在風險暨建立符合成本效益的控管重點（Controlling Points），魔鬼藏在細節中，風險管理則是內部控制的基礎。

案例 2：一項找死的任務、亦非個人職掌，是否拒絕

小布進入這間公司時，是在第一階段（花瓶）。小布執行查核任務的前半年，會計、業務、採購、工廠、子公司等眾多作業單位同仁，都感到疑惑，他們表示「稽核？！什麼稽核？！我來這裡上班這麼多年，都沒有聽過稽核，你要不要確定一下，你是不是走錯地方了？」

小布努力往第二階段（調查員）攀爬的某日，突然接到總經理（長公子）委託一項任務，一件1.07億元的採購案因為當時政府獎勵政策及公司營運考量的臨時更改，希望小布負責與廠商協商取消此次採購。由於該項採購標的距離交付日期僅剩一個月，而且採購標的完成交付以後很難轉售，因此需要及早協商廠商處理，將違約之有形及無形損失減少至最小。

小布心中一開始所想的是「我不是採購人員、也不是公關人

員，跟供應商協商取消採購內容，關我啥事！如果事情搞砸，這算是誰的責任？」。可是小布立即「思考短中長期利弊」，其目的是藉由將事情依照時間劃分，思考事情可能演變的過程中，強迫自己冷靜，也可以把事情的走向想得更清楚。

思考短中長期利弊以後，小布心中想法「我在這，橫豎只是個擺飾；如果不想一直窩囊，遲早走人，事情搞砸只不過是提早走。但是如果能把事情辦成，就不一樣了；先不設想有何功勞，至少展現出我不是只有查核、找問題，我也能幫公司解決重大問題。不論成功與否，以後執行查核任務及要求作業改善時，若遇有單位說三道四，我就可以大聲的說：我敢面對及處理公司的外部問題，你們連面對公司內部查核及正視查核發現的勇氣都沒有嘛！」，因此小布接受了這個委託任務。

當時有人表示：你看你平日就是太惹人厭了，不好好當花瓶，現在才會甩鍋給你。

小布：我也覺得這個鍋可能指定了，可是如果大難不死，焉知非福。

也有些人詢問：你不會害怕失敗啊？！

　　小布：當然會害怕啊！可是與其害怕失敗，不如不要讓公
　　　　　司這些人覺得你會成功。如果還是害怕失敗，那就
　　　　　拉公司這些人一起下水、一起陪你失敗、一起分攤
　　　　　責任。採購該出人出人、公關該出人出人、法務該
　　　　　出人出人、總經理室該出人出人，這時跟他們要
　　　　　人，他們總不好拒絕吧？！如果有人拒絕，就送他
　　　　　一頂不愛公司的帽子，再把失敗的責任甩鍋給他。

　　回歸本質，這是一件採購案。一般查核人員會對於採購標的
之請購、採購、驗收、入庫等相關事宜進行檢查，確認有無問題；
包含檢視詢價、比價、議價等過程記錄有無疑義之處，驗證供應商
管理、有無異常集中或指定採購、採購價格變化合理性、付款期間
合理性等諸多情形。其中「次品交付、模糊價格空間、洩漏公司機
密」等問題狀況比較隱蔽，值得注意。

　　鑑於這是一件採購案，小布心想有沒有辦法從採購過程的細節
中，尋找有利於此次任務的籌碼。小布仔細檢視此案，發現如下。

・**驗收達標之組成數據具有多種定義方式（次品交付的可能特**
　徵之一）：廠商保證功能效果的測試數值，採用較寬鬆的定
　義計算，並非以對公司有利之嚴格定義計算。此一發現雖然

不能作為取消此次採購案的關鍵條件，但是可以用來增加協商籌碼。

- **模糊價格空間**：訂定合約以後，供應商曾經變更（降低）其中某一個項目的規格，可是沒有降價，僅以贈送許多公司使用機率很低的服務作為替代性補償。此一發現當然不能作為取消此次採購的關鍵條件，但是可以用來增加協商籌碼。

- **洩漏公司機密**：小布心想這次採購案內容具有公司新品安排的部份訊息，具有保密協議，廠商人員有沒有可能一時糊塗或因為一時情境因素對外洩漏丁點、半點。可是要怎麼證實呢？如楔子一中所言，收風對象或吹哨者可以分成9類（此處不多做敘述，第6.2節再予說明），其中建議優先尋找價值關係的銜接者（例如公司供應鏈中的成員、某項價值傳遞過程中的成員）、利益關係的競爭者（例如公司或某人的競爭者）、另一名已知的舞弊者或疑似舞弊者等3類。小布判斷這次適合從「利益關係的競爭者」著手，應驗「工作場所有神靈」這句話，小布心念甫及至此，突然接到一通總經理秘書轉來電話，令小布大喜過望。

電話：您好，我是C廠商的業務總監甲。

小布：您好，請問有什麼事情嗎？

電話：聽說貴司準備跟W廠商採購某個項目，想要如何如何。我司也有類似項目，效果更好，價錢一定比W廠商優惠，能否見面了解一下。

小布（心中狂喜，語氣鎮定）：請問您怎麼知道我司這個項目的具體內容？

電話：我是在某個飯局聽D廠商乙總說的。

小布：請問您知不知D廠商乙總是怎麼知道的？

電話：乙總說他是聽E廠商丙總說的。

小布：我非常樂意跟您見面，可是都跟W廠商簽約了，想跟貴司合作也沒有辦法！這樣好了，您能不能幫我一個忙，我想知道E廠商丙總怎麼知道的。如果W廠商真的洩漏我司營業訊息，我也才有更換廠商理由，而且一定優先跟你們合作。

就這樣連結（錄音）C廠商甲、D廠商乙、E廠商丙，終於連到W廠商，和公司法務、採購等一起與前述廠商見面時，小布遞出名片上的印製職稱是總經理特助，並以前述查核發現讓公司安全下莊。

實務探討 2：採購之「次品交付」

　　顧名思義，相較於預計規格以次等或次一等以上的物品、服務進行交付，如果沒有確實檢驗將造成損失，當採購標的具有以下特徵時可能加大次品交付風險。

- **驗收麻煩：**

　　例如交付時外觀如新，可是部分之內容物、部件為舊或為次等規格，需要將整個物品拆開才能檢驗。小布曾經分析某一批機具的故障維修費用相較過去紀錄大幅增加，經專業技師檢驗，發現其中某項重要部件承載扭力不足，因此故障維修頻率增加。

- **驗收需要特殊設備：**

　　某次小布參與驗收時，得知公司沒有驗收需要使用的檢測儀器，因此公司驗收人員跟交付採購物品的同一間供應商借了一台使用。小布特別檢視該儀器予SGS校正紀錄，距離儀器原廠建議校正有效期限已逾2年；為避免影響驗收有效性，小布要求提供有效期限內的檢測儀器，再行驗收。

- **驗收需要專有知識：**

　　此種狀況發生於採購人員、驗收人員對於採購標的之專

有知識不足或不夠熟悉，以致買貴了還沾沾自喜地以為自己賺到。例如具有GIA證書0.5克拉鑽石耳環（不是裸鑽），同樣色度（Color Grade）D、淨度（Clarity Grade）VVS2、車工（Cut Grade、Polish、Symmetry）3Excellent，沒有（None）螢光反應（Fluorescence）的門市價格可能18~20萬元、中度（Medium）螢光反應的可能14~16萬元。如果購買者只知色度、淨度、車工等，不知具有螢光反應的差異，很可能以較高價格買到中度（含以上）螢光反應的鑽石，卻覺得自己撿到便宜。

• **驗收標的具有不同製程／產出技術，且因此影響需求效果：**

　　例如飲料生產裝瓶採用冷充填或熱充填，冷充填可完整保留茶飲料之香氣與風味、適合保留果汁及乳製品的原味與新鮮，可是冷充填設備費用約為熱充填3~4倍，因此影響評估代工費用是否合理的判斷。

　　再舉一例，多年前某間民生基礎服務公司希望與國際上幾間同性質的大公司比較服務品質差異程度，這幾間國際大公司每年以「美國顧客滿意度指數模型（American Customer Satisfaction Index，一種因果模型（Causal model），簡稱ACSI）」計算其顧客滿意、各項構面及指標的分數，因此該公司委託某間研究機構使用同樣的模型、構面、指標、

方式等進行調查與計算。小布檢視及Google該研究機構提出
的研究計劃書以後，有一些疑問，因此請教ACSI發明者嫡
傳弟子（某知名教授）。ACSI是使用計量方法Partial Least
Squares（簡稱PLS）計算其中相關數值，該研究計劃書中則
是用計量方法LISREL；試想模型、構面、指標相同，可是
計量方法不同，計算出來的結果是否具有可以比較性。當年
PLS計算因果模型的程式軟體只有釋出學術用途版本、商業
用途由原廠依次收費，LISREL則已被含入部分統計套裝軟體
內出售，2者執行成本差距不小。

- **驗收達標之組成數據具有多種定義方式：**

　　　以電視廣告為例，通常採購前會設定「廣告收視目標
群眾」及想要的「收視效果」，例如目標群眾30~50歲白
領女性，收視效果是目標群眾中至少50%看過本則廣告3次
以上的播出。然後規劃目標群眾適合那些節目頻道，在此
收視效果下這些節目頻道總共需要購買多少數量的收視點
（通稱GRP，Gross Rating Point），接著約定此數量下GRP
的平均取得金額（通稱CPRP，Cost Per Rating Point），
總GRP×CPRP＝此次採購合約金額。廣告播出後，若實際
CPRP高於約定金額，廣告公司需要無償補足GRP數量，直到
CPRP下降至約定金額。站在廣告購買者的角度，採購合約金
額已經固定，節目實際收視率越高＝GRP越高＝CPRP越低＝

成本效益越好。

　　敘述至此，看起來沒有問題，可是使用那一種收視率計算GRP數量？收視率分為節目收視率、廣告收視率、廣告破口收視率，資深媒體業者陳韋仲（天下雜誌309期）曾評估廣告收視率相較節目收視率低30%（看廣告的人比看節目的人少30%），若未於事前明確定義使用哪一種收視率計算，成本可能相差30%。小布某次查核發現沒有明確定義，廣告公司是以節目收視率計算，與公司以為是用廣告收視率計算的認知不同。

實務探討 3：採購之「模糊價格空間」

　　主係供應商不想讓採購者能夠輕易判斷採購物品的實際價值，以藉此獲利，常見有贈送物品/服務、整包（打包）銷售、合約規格變更等。

- 贈送物品／服務，例如購買電視廣告時贈送天空標、角標、跑馬燈，又如購買資訊系統時贈送資訊課程，通常贈送物品／服務的名目價值遠高於實際價值。
- 整包（打包）銷售是將多個項目作成一組銷售項目讓消費者

支付費用，可是消費者不是對於其中每一個項目都有使用需求。例如蘋果公司與愛立信（Ericsson）公司專利包費用的爭議事項其中之一，是蘋果認為專利包中有一些不必要的項目，蘋果要求對於專利包中的項目單獨評估，由蘋果選擇需要哪些。

- 合約變更通常分為兩個步驟，供應商第一步以最有利或最低價得標，第二步以舌燦蓮花或內神通外鬼方式變更設計（讓人不易比較）、放寬規格或增補需求；由於是以最有利或最低價得標，廠商如果不做此行為，很可能會賠錢。

實務探討 4：採購之「洩漏公司機密」

廠商人員有時會接觸到公司的機密訊息，例如公司新系列產品研發或上市的機具採購案，例如公司新事業發展、組織變革與轉型、關鍵資源爭奪、策略性收購等之顧問案或研究案。基於職業道德，相信這些廠商不會故意洩漏客戶機密訊息，但是在一些場合可能因為需要拉近客戶距離、展現實力不俗、情緒氛圍高亢等等因素，不小心逾越分際作為談資或脫口而出；這也是為什麼有時公司外部人員對於公司機密訊息，相較公司內部員工提早一段時日知道的原因。某日有間廠商跟小布聊天「你們Z子公司都要結束營業

了，你還去查什麼！」，小布當時並不知道此一訊息，心中訝異，可是表面鎮定地反問道「你怎麼知道Z子公司準備結束營業？」，廠商「你們在當地尋找替代合作廠商的消息，外面早就傳成一遍了」。

本節觀念回顧

- 稽核人員的理想狀態是成為「組織內部顧問（Internal Consultant）」。
- 遇到問題建議「思考短中長期利弊」。
  1. 利用將事情分成短期、中期、長期思考可能演變的過程中，強迫自己冷靜，把事情的走向想得更清楚。
  2. 兼顧組織及自己的利弊，才能成功做事，避免壯志未酬身先死。
- 採購查核時除了請購、採購（含詢、比、議價）、驗收、入庫等，建議注意有無次品交付、模糊價格空間、洩漏公司機密等較易隱蔽的狀況。

1.2 從旁觀者角度思考

　　1968/07/16企業家羅伯特・諾伊斯、戈登・摩爾共同創辦英特爾公司，安迪・葛魯夫隨後加入，成為英特爾第3位員工。安迪・葛魯夫自傳中表示，以「第3位員工」的角度，他是「英特爾創辦人」之一。

　　英特爾公司初期是以存儲晶片作為核心業務，1980年代初日本存儲晶片廠商得到日本政府補貼，以低價格、高品質搶佔海外市場，英特爾為首的美國存儲晶片公司節節敗退，至1984年時日本已經成為全球最大的存儲晶片生產國。

　　1985年某日，安迪・葛魯夫與時任董事長兼執行長的戈登・摩爾討論如何因應當前情況。他們情緒都很低落，安迪·葛魯夫向窗外看去，望著遠處遊樂場中緩緩轉動的摩天輪，然後轉身看著戈登・摩爾，開啟一段讓英特爾業務轉型的對話。

　　安迪・葛魯夫：如果我們被趕出董事會，你認為新任的執
　　　　　　　　　行長會怎麼做？
　　戈登・摩爾（猶豫一下）：他應該會放棄存儲晶片業務。
　　安迪・葛魯夫：那能不能假裝我們就是新上任的執行長，
　　　　　　　　　自己來做這件事？

　　有句古話「無關生智，局外生慧」。很多場景我們可能感覺「怎麼提供別人意見的時候都提供的很明快，思考自己事情的時候總是遲遲無法決定、猶豫不決」。安迪・葛魯夫與戈登・摩爾在存儲晶片業務都投入了相當心力與情感，面對存儲晶片業務去留當然感到猶豫叢生，而安迪・葛魯夫詢問戈登・摩爾的方式，正是讓二人切換到旁觀者視角。查核人員難免遇到情境干擾，在決定要不要深入查核或報告時，若能切換到旁觀者視角（跳出眼前局面），將更能客觀判斷與決定後續執行方向。

案例 3：因應競爭，舊品組成新品出售，是否建言

　　某日小布發現子公司某些重要部件採購價格為過去價格1/3～1/2，追查後發現此等部件由採購正常品，改為採購拆機品（二手零件），但是跟客戶保證品質如新。

　　小布向「子公司總經理」請教。

> 小布：請問你們是基於什麼原因改成採購拆機品？
> 總經理：這幾年公司報價都比競爭廠商高出一截，打聽跟取回競爭廠商產品，發現競爭廠商都是使用拆機品。為了具有競爭性，只能跟著一起採購拆機品，

降低產品成本。

小布：你們的客戶知道你們是使用拆機品嗎？

總經理：看客戶關係，有的知道，有的不知道。

由於子公司業務皆歸總經理管理與檢視，因此小布先行與總經理溝通此一情形。

小布：請問您是否知道某子公司使用拆機品的事情？

總經理：知道。他們為了符合當地市場競爭，只好使用拆機品。

小布：請問您是否同意他們在沒有特別事先告知客戶的情形下，使用拆機品？

總經理：子公司總經理有其專業判斷，營運決策的事不歸你們稽核人員過問。

小布（心中鼓起勇氣）：請問董事長是否知道這件事？

總經理：董事長隱約知道。

小布（直接不假思索地詢問）：什麼是隱約知道？

總經理：你可以自己去問董事長。你的想法我知道，你們稽核人員認為你們有報告過、有講過就沒自己的事（責任）。你們這叫吃米不知米貴，藉著提出報告

讓董事長表態而已。

小布（心中不忿）：「吃米不知米貴」這句話形容的不夠貼切，總經理想表達的是生意難做。可是我不是找麻煩，使用拆機品銷售的確可能會有一些風險，我們稽核人員具有告知與提醒的責任。

總經理：很好啊！稽核單位隸屬於董事會，董事長只是幫助董事會代為管理。你去向董事長報告，不論董事長說什麼（知道或不知道、同意或不同意），不要只記錄在自己的工作紀錄（底稿），你就寫入正式報告讓獨立董事和董事會知道。既然你懷疑具有營運風險，就不能只讓董事長一人承擔，要讓治理和監理階層知情（董事會及獨立董事）及充分表達意見，這樣才是盡到稽核人員告知與提醒的責任。

小布知道總經理是說反話，一般人至此就被這一番話「將軍」了，畢竟稽核（查核）人員才領多少薪水，幹嘛承擔這麼大的責任。如果現在直接去向董事長進行報告，推演一下後續情況。

狀況一：董事長表示「我不知情，或我還沒有同意」。

恭喜！可以向董事長尋求支援，可是依總經理的意思，董事長

至少不是完全不知情、甚至默許。而且以小布對於董事長的認識，董事長一向尊重各個高階主管的決定，如果這樣直接去問，董事長可能增加稽核人員就是不識大體的印象。

狀況二：董事長不回應，或表示「尊重子公司總經理專業判斷」。

這時更尷尬，要不要寫入正式稽核報告？畢竟總經理說的是對的，稽核單位隸屬於董事會，如果判斷具有營運風險，須讓董事會、獨立董事等知情及充分表達意見。可是正式向董事會、獨立董事報告，跟董事長間的關係很難兼顧。但是不寫入報告，只記錄於查核底稿或僅以mail私下提醒，將來出事的時候，真的能夠完全卸責、或聲稱符合客觀報導的職業準則？！

無關生智，局外生慧，很多事情關心則亂。營運決策產生的過程稽核人員應該了解，可是最後的決擇是什麼，稽核人員因為不負成敗責任，不應干涉。拆機品的案例，不應糾結於客戶知道或不知道、董事長支持或不支持的選擇，稽核（查核）人員應該是藉著查核結果，讓組織作業及管理機制可以更好的達成營運效果、效率。

小布設想假設公司本身就有一個拆機品或二手零件銷售事業單位，可是這個單位目前還沒有訂定作業流程及管理制度，應該怎麼做？當然是出具管理制度不完善的報告，令其建立完成，這樣才能

避免這個單位的作業出現意外或降低意外發生時的負面效果。

　　小布訪談相關人員及實地了解現行作業行為，果然如同小布心裡猜測，很不理想，例如新品與拆機品使用同一料號（物料系統無法區分，影響管理作業），且沒有明顯區隔存放位置等。經過「從需要受到管理的行為，辨識各種受影響或需要新增作業，再由受影響或新增的作業，考量對應控制項目措施（行為▶影響▶控制）」以後，小布使用心智圖系統性陳述所有查核建議及其所帶來的效用。

　　小布將拆機品報告內容的標題擬定為「某子公司為符合當地競爭，具有使用拆機品需求，惟部分事項尚未制定管理方式，造成作業困難，亦無法確實反應出貨毛利」，簡述如下。

- **採購品檢驗收：**不同年份拆機品具有不同市場價格，採購及驗收皆應建立對應管理方式，避免付出額外採購成本。且新品與不同年份拆機品間應作料號區分，以利成本計算與領用。
- **物料實體存取：**新品與不同年份拆機品間應能分開存放，避免混料或領用錯誤。客戶明確接受拆機品（因為銷售價格極具競爭力）或嚴格指定新品的生產工單，應有BOM表（Bill of Material）管理方式。

圖 1.2節 [案例03] 拆機品管理心智圖

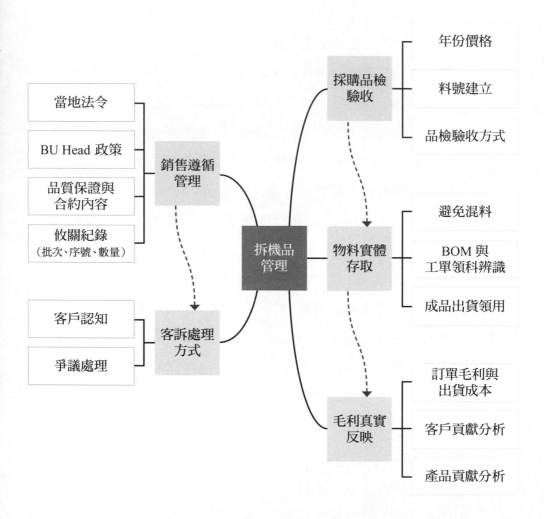

- **毛利真實反應**：鑒於新品與拆機品的成本相差1/3~1/2，對於每筆訂單、客戶、產品等之毛利及其組成結構，應有確實呈現方式，以利經營管理人員參考。
- **銷售遵循管理**：檢視當地法律責任、合約中履約及維修等約定事項、公司品質保證政策等之相關內容，是否因此具有牴觸或不利事項，以及建立因應措施。並做好批次、序號、數量等攸關訊息記錄，作為將來釐清品質議題的參考資訊。
- **客訴處理方式**：對於消彌客戶認知差異應有一致性的具體說法，因此產生爭議的處理程序應予建立。

　　小布在向董事長、獨立董事、董事會等報告子公司拆機品管理心智圖時，對於建議制訂管理方式，不但無人提出反對意見，反而獲得他們提供更多管理措施的回饋。除此，等同「暗度陳倉」請示公司治理及監理階層考量是否維持使用拆機品的作法，以及從中所獲利益是否足夠支持相關控制措施的複雜與成本。

本節觀念回顧

- 遇到情境干擾而猶豫不決時，若能切換到旁觀者視角（跳出眼前局面），將更能客觀判斷與決定後續執行方向。

- 查核人員應該了解營運決策產生的過程，可是因為不負成敗責任，不可以干涉其中決策。查核人員應該是藉著查核結果，讓組織作業及管理機制可以更好的達成營運效果、效率。

- 可以善用心智圖對於「行為▶影響▶控制」進行系統性陳述。

- 對於拆機品管理，建議注意「採購品檢驗收、物料實體存取、毛利真實反應、銷售遵循管理、客訴處理方式等」事項。

1.3 根據底層邏輯調整認知

　　通常每個人有每個人經驗、每個產業有每個產業慣例，參考經驗與慣例，無可厚非。可是注意，當「參考」變成「堅信」以後，會遮蔽自己觀察全局事務的視角；尤其當生物本能「攻打與逃跑」機制啟動，會將視角偏差的影響放大數倍。本節故事中瀟灑哥與水亮姊就是發生了這種情況的問題。

　　瀟灑哥與水亮姊是2位很有趣的查核前輩，有趣的地方是他們常常在一個寬泛的問題上，直接給予一個特定的答案。水亮姊有次考教小布查核功力，小布沒有一題回答讓水亮姊滿意，題目如下。

實務探討 5：銷售、薪工、研發、生產、盤點、查核報告等之主要控制為何

　　水亮姊：如果「銷售作業」只能選擇一個項目檢查，你會
　　　　　　選擇哪一個？
　　小布：我會先分析訂單銷售毛利，銷售毛利可以反應出許
　　　　　多問題。例如賣便宜了，是業務沒有依據銷售價格
　　　　　政策報價、被客戶唬弄、還是業務人員從中搞鬼
　　　　　等。例如成本貴了，是採購買貴了、沒有善用採購

　　　　條件、還是採購人員從中搞鬼等。

水亮姊：應該是客戶信用額度管理，你有沒有看到多少公
　　　　司被客戶倒帳？！

小布心中OS：

- 客戶信用額度管理與客戶倒帳（賴帳）是2件事情，客戶信用
  額度是「縮小客戶倒帳金額損失」的一種控制方式，不等於客
  戶不會倒帳，客戶也有可能在信用額度以內倒帳（賴帳）。

- 至於客戶信用額度管理是不是銷售作業中最重要事項，必須
  以整體進行評估。例如以現金客戶為主要交易對象或公司的
  客戶付款歷史紀錄非常良好，客戶信用額度管理可能就不是
  很重要的事項。

- 再者，客戶信用額度及付款情形，一般會有財務會計、客戶授
  信、風險管理、經營分析、營運管理等職能部門予以注意，然
  而業務人員的異常行為可能只有查核單位予以主動偵測。例
  如「XX內鬼賺價差，4年A走4千萬」新聞報導，業務人員將
  其自行成立的S公司，對外表示此為XX的子公司，讓部分客
  戶轉向與S公司交易，再用S公司與XX公司交易，賺取價差。
  以此新聞為例，客戶信用額度管理不會是唯一檢查項目。

水亮姊：如果「薪工作業」只能選擇一個項目檢查，你會
　　　　選擇哪一個？

小布：我會先比對各部門之人力資源規劃與實際人力的運
　　　用情形，進以觀察各部門人力是否需要調整（吃緊
　　　或浮濫）。

水亮姊：應該是加班費計算正確，一般公司加班費最容易
　　　　虛報或算錯。

小布心中OS：加班費計算正確只是人資作業的一環，例如「人
資偽造員工復職，詐領薪水逾7千萬」的新聞報導，報導中XX公司
的人事管理師在公司系統中將離職員工的狀態更改為復職（及領取
現金薪資）；再利用財務部門對他的信賴，由他發放現金薪資，合
計7年間共詐領新台幣6,989萬元。如果將加班費計算正確當成唯一
檢查項目，類似前述新聞報導的情事，很可能無法被發現（幽靈員
工可能沒有加班資料）。

水亮姊：如果「研發作業」只能選擇一個項目檢查，你會
　　　　選擇哪一個？

小布：我會先觀察研發項目評估與實際研發情形，這樣才
　　　能了解研發項目符不符合公司產品發展的方向、符

不符合公司需要達到的效果、與預計投入資源及時
程進度有無落差，對於其中有利（有一種可能是造
假）及不利差異進行了解。

水亮姊：應該是研發記錄簿管理，研發記錄簿在侵權及專
利官司中具有關鍵作用。

小布心中OS：有沒有聽過「漢芯晶片（騙）」研發案！

* 根據新聞報導，原訂之4年規劃，僅使用16個月就研發成功
  第一代晶片（漢芯一號）。真相是研發專案主持人購買一批
  摩托羅拉dsp56800系列晶片，用砂紙磨掉晶片原有的摩托羅
  拉標識，重新打上「漢芯」標識，就這樣騙取1.1億元人民幣
  的科研經費。

* 以事後諸葛的上帝視角的來看，本案可以更早發現。一是研
  發專案主持人履歷沒有確實徵信，履歷中是摩托羅拉高級主
  任工程師、負責晶片設計（最難部分），實際是高級電子工
  程師、負責晶片測試。二是「漢芯一號」無法現場演示功
  能，而且「漢芯一號」是款具有208隻管腳的晶片，展示時的
  晶片是144隻管腳；當時如果有人去數數看幾隻管腳，就可以
  對此提出疑問。

水亮姊：如果「生產作業」只能選擇一個項目檢查，你會
　　　　選擇哪一個？

小布：我會檢視生產規劃與實際生產狀況的差異，可能是
　　　生產相關參數（例如標準工時設定）有異影響排程
　　　的準確性、可能生產用料出了問題、可能人員不熟
　　　練等等狀況。若其中安排了外包生產行為，其費
　　　用、產能調節或必要性等是否合理。

水亮姊：應該是機具保養以後復歸原位，不然現場6S管理
　　　　活動（整理 SEIRI、整頓 SEITON、清掃 SEISO、清
　　　　潔 SEIKETSU、素養 SHITSUKE、安全 SECURITY
　　　　等）不及格。

　　小布心中OS：又不是每間公司都有推動6S管理，生產用料超
耗問題應該更常見。

- 例如小布有個案例是發現警示生產領料數量的系統，被設定
　領料不足時發出警示、領料超量時不用發出警示，此一期間
　出現了一堆高單價零件的超領。
- 又如新聞報導「外洩台灣獨家技術到中國，XX內鬼被訴」
　是比生產用料超耗更嚴重的問題，報導中某資深部門主管利

用職權將訂單轉移某代工廠商生產，並陸續將公司之製造方法、技術、製程、電路佈局圖、料件承認書、訂單資訊內容等洩漏給該代工廠商。

• 6S管理有其它廠務或業管單位注意，類似上述這些問題似乎更有查核價值。

水亮姊：如果「盤點作業」只能選擇一個項目檢查，你會選擇哪一個？

小布：盤點有業管單位初盤、有財會（或其它後勤）單位復盤，我會看整個盤點機制的運作，包含觀察盤點清單的完整性。若盤點清單不完整，盤點可能就不完整。

水亮姊：應該是下腳料數量正確，下腳料最常見被盜賣。

小布心中OS：只有下腳料數量正確，難道其它品項數量不用正確？不僅數量正確，內容物也必須正確。小布有次盤點20細齒（OD=0.7MM，L=100MM）減速步進馬達，發現數量雖然相符，可是拆箱細數馬達齒輪的齒數，竟然是12齒馬達。也曾打開機櫃清點組裝部件，結果部件規格不符。

　　上面說完水亮姊的故事，我們來看看瀟洒哥的案例。瀟洒哥有一天心情很不瀟洒，語氣陰晴不定的說「董事長認為查核建議失當，將他的查核報告退件」。

- 瀟洒哥任職的服務業公司，公司職員常常利用自己職權幫親戚朋友無償升等，為了管控節制，規定無償升等必須經過申請。瀟洒哥查核發現，某位現場職員幫一位雙腿不良於行的客戶無償升等，但卻沒有事先提出申請或先行向直屬主管報備。該名現場職員解釋「因為客戶實在行動不便，秉持服務優先、客戶第一的公司信條，因此未及報備，就先幫忙升等」。這段說詞聽起來情有可原，而且經過瀟洒哥幾次鍥而不捨的求證，皆無法證明此名職員與該名客戶具有親友關係；小布心中OS，這個查核發現似乎較適合以「沒有遵守公司規定，建議提出改善方式」作為結論。

- 可是瀟洒哥根據自己的查核經驗，認為「一名預謀舞弊者為了確認自己的方式可行，通常會先進行容易解釋開脫的小型測試，確認可以避開監測機制以後，再予擴大實施。這名職員可以輕易地幫助不具親友關係的人士進行無償升等，一定是在測試公司監控機制」。為了杜絕舞弊隱患，瀟洒哥開出嚴重違反公司管理制度的缺失，提請議處該名職員；結果董

事長以情理判斷，退回查核報告，請瀟洒哥「客觀」的表達
與建議。

看完水亮姊與瀟洒哥的故事，或許有人疑問「自己的個人經
驗可能有所偏頗，依據產業慣例會有什麼問題嘛？！畢竟一個規矩
能在一個產業留存這麼久，一定有它留存這麼久的道理」。這個疑
問部分對、部分不對，對的部分是一個規矩能在一個產業中留存這
麼久，一定有它的存在前提；不對的部分是這個前提會不會一直存
在？如果前提改變或不存在了，這個慣例是否仍應奉為圭臬予以
執行。

案例 4：自始未變的產業慣例，是否能夠更改

關於沒有思考「前提」是否存在，逕行將慣例奉為圭臬執行
的現象，讓小布遇難了。有天幾位副總聯名指出小布不懂產業（
亂搞），出具違反產業慣例的查核發現，希望董事長撤銷小布的
查核發現。並表示「按照小布的結論與建議執行，除了業績滑
落，還會被同業恥笑本公司是異想天開、自絕於這個產業」。

原來小布查核時會從第一性原理出發，思考問題。第一性原
理是「將一切事物回歸至最基本條件，進行拆解、分析，從而找

到實現目標的最佳路徑」。其追根究底，源自於希臘哲學家亞里
士多德提出的觀點，「每個系統中存在一個最基本的命題，它不
能夠被違背或刪除」。小布鑒於某些執行慣例的空間/場地、技
術/應用、時間/目的等之前提已經改變，因此建議其執行內容應
該跟著調整。

- **空間／場地之前提改變：**

　　產業初期，業內公司皆倚重經銷通路，為避免經銷商投
機（只操作具特別促銷或獎勵活動的品牌商品），因此皆設
置獨家銷售獎金；願意簽署獨家銷售（不去銷售競爭品牌商
品）合約的經銷商，每月額外給予當月銷售金額5.5%的獨家
銷售獎金。

　　隨著市場競爭加劇，業內公司開始拓展加盟通路，比照
經銷通路設置銷售金額5.5%的獨家銷售獎金；只是以通路性
質而言，加盟主不可以隨意銷售其它品牌商品，獨家銷售獎
金這個激勵因子對於加盟通路不具驅動意義。因此小布建議
取消加盟通路獨家銷售獎金，並考量如何將這筆金額使用於
加盟通路的推廣措施或反饋通路消費者，讓這筆金額的運用
更具效益。

- **技術／應用之前提改變：**

　　產業具有A、B等兩個系列的產品，由於初期B產品應用技術及使用環境極不成熟，A產品銷售占業內公司總營業額99%。為顯大器，業內公司皆直接使用總營業額3%做為A產品應用開發團隊獎金，畢竟A產品占營業額99%，與100%相差無幾。

　　約6~7年後B產品應用技術及使用環境趨於成熟，遠勝於A產品，B產品占業內公司營業總額已近90%。可是小布發現業內公司仍是直接將總營業額3%做為A產品應用開發團隊獎金，若以A產品銷售占比計算，A產品銷售額中等於有30%（3%÷10%）作為A產品開發團隊獎金。因此小布提出獎金計算基礎應該回歸A產品銷售作為激勵因子，公司如果覺得前後落差過大，獎金結構可以重新設計。

· **時間／目的之前提改變：**

　　公司電腦是採取租賃方式，隨著時間發展公司取得的專利技術授權及營業秘密越來越多，因此將所有使用者的電腦改成連進公司RDP（Remote Desktop Services）主機操作，海外辦公同仁則是先連進海外當地RDP主機，海外當地RDP主機再連回台灣RDP主機操作。鑒於每位使用者都不在本機操作，使用者電腦僅剩連線功能，因此小布提出不論原本電腦規格是租賃中階或高階，全部降低至租賃低階I3規格。

　　經過一年努力不懈溝通，期間小布多次被幾位副總禮貌性請出辦公室，最後終於讓公司陸續同意調整前述項目。借用知名商業顧問劉潤老師的比喻，「你以為梳辮子的生意可以一直做下去，可是第二天醒來發現大清朝結束了」。當一個系統中存在的最基本命題改變了，例如空間/場地、技術/應用、時間/目的等，請仔細推敲奉為圭臬執行的慣例（與經驗）是否需要調整。

本節觀念回顧

- 自身經驗及產業慣例可以參考，可是當從「參考」變成「堅信」以後，會遮蔽自己觀察事務全局的視角。若遇生物本能「攻打與逃跑」機制啟動，會將視角偏差的影響放大數倍。
- 分析問題時建議從第一性原理出發，第一性原理是「將一切事物回歸至最基本條件，進行拆解、分析，從而找到實現目標的最佳路徑」。
- 遇系統中存在的最基本命題改變，例如空間/場地、技術/應用、時間/目的等，請仔細推敲作為參考及執行依據的慣例（與經驗）是否需要調整。

第二章

尊重核心原則

. . . .

　　第一章「不以一時決定」中說明了人們可能因為動物生存本能機制「攻打與逃跑」啟動，產生應急反應，進而帶偏思考方向。摒除應急反應的影響以後，對於要不要查核（或報告）的評估，還需要建立（及持續升級）幫助自己判斷的核心原則，其好處在於提高思考效率（不用每次糾結）、降低執行難度（依照原則辦事）、適應不同範疇（因應新的標的）。

　　例如投資界建立核心原則的最好範例之一就是巴菲特，《巴菲特的投資原則》一書整理了1956-1969年寫給合夥人的33封信，說明巴菲特早期的3個投資操作原則。

- 尋找價值被嚴重低估的公司，股價低於實質價值時買進、高於時賣出。
- 尋找併購交易公開但尚未完成的公司，以低風險的方式進行穩賺不賠的套利。
- 利用資產負債表計算公司價值，在股價偏低時取得公司控股權，要求經營高層改造企業，實現企業價值。

關於建立什麼情形要查（含深入查）、什麼不用查的核心原則，本節中提供3個方法供讀者參考，分別是「釐清核心原則，正念思考，風險評估」。

2.1 釐清核心原則

有一則關於求職面試的笑話。

企業主：我看了你的履歷，為什麼你1年中換了3份工作？

求職者：第一份工作老闆跑路了，第二份工作老闆去吃公家飯（進監服刑）了，第三份工作老闆得絕症死了。

企業主：A廠商是我的死對頭，你去那間應聘，我一個月補助你3萬元。

求職者：老闆，你怎麼樣也得給我4萬元。

企業主：為啥啊？！

求職者：因為A廠商給我一個月3.5萬元到你這應聘。

現實中真的有這樣子的故事，先說笑話中的前半段，對於求職

者的徵信（背景調查）。這幾年一些朋友任職的公司中，有些高階主管實際表現與其給人的經歷印象落差很大，徵信以後發現有些高階主管履歷經歷不實，如果聘用前確實徵信，應可防範。例如第1.3節提到的漢芯晶片研發案是一例，《商業週刊》第958期〈詐欺犯變親信？一缸子商場老將吃悶虧〉的報導是一例；報導中某位被法院判刑7年、有偽造文書與侵占的前科犯，更改名字以後，陸續於幾位商業名人的公司任職，讓他們損失了幾千萬元~幾億元不等。

　　上述朋友任職的公司中不乏以嚴格徵信求職者而出名的，其中幾間更是連求職者的祖宗八代都要審核一遍，可是為什麼沒有事前發現？主要原因可能是某些人資對於求職者徵信作業的核心原則認識不夠深入。通常為了降低雇主聘僱管理風險，聘僱人選職階越高，越應確認整體工作表現、品德操守如何。可是經過事後了解，上述公司人資並沒有對於此等高階人選進行徵信作業，其所述理由是「這是董事長（或業界其他名人、高階內部人員等）介紹的人選，應該不會有問題；其中還有幾起是人資認為高職階人選不敢騙這麼大，因此未作徵信」。就在這種對於中低階人選嚴格徵信、高職階人選沒有確實徵信的作業模式下，結果就是一旦東窗事發，公司都被騙得滿地找牙。

　　求職者背景徵信只是一項特定而且單純的執行作業，查核人員對於什麼情形要查、什麼情形要深入查、什麼情形要正式寫入報告

（暨要求改善）等的現實考量更是複雜。很多查核人員被批評「重要的沒查、沒有建言，不重要的查了一堆、不進入狀況的建言提了一堆」，甚至是查核報告出具以後查核人員自己嚴重內傷，這些情況通常來自於核心原則的混淆。

可是如何「釐清核心原則」？本書推薦易經中一句話「明象位，立德業」作為準則。明，是指洞察、了解；象，是指世間事務的現象、原理；位，是指你身處的位置、定位。整句話合起來是說「當你了解面對事物的本質，並作出匹配你人設的行為，這樣才可能把事情做成」，查核人員亦然。

查核人員必須清楚組織之文化、價值、目標、規範、流程、系統等，做為判斷事情是否具有異常現象的基準（有些人統稱為敏感度）。但是異常現象不代表一定是問題、不代表可以立刻解決、不代表必須由你處理，因此查核人員還必須考量體制定位、競爭環境、運作結構、控制原則、控制成本（包含評估推動阻力、溝通成本）等事項，如此方能圓滿執行查核職能。

實務探討 6：查核考量之「體制定位」

獨立性及客觀性是一個查核單位的價值根本，因此公開發行以上（上櫃、上市）公司的稽核單位被法規要求隸屬董事會（組織圖

上絕對超然獨立）。只是在實際運作上，董事會成員及董事長可能
對於稽核職能的認知不夠健全，進而對稽核單位設置了不同的定位
或潛規則。

- **定位或組織設計上是不是你的球：**例如

  1. 某集團許多異常現象是該集團總裁造成或默許的事情，
     該名總裁又不想存在他所不知道的事，因此將稽核單位定
     位為警報器，要求稽核單位採用各種專業角度對於異常現
     象先提出非正式報告。該名總裁檢視後，若知情就放在一
     旁，若不知情、想深入了解或改善，則轉交特助或總經理
     室處理。所以此集團中那些事項需要深入查核、那些事項
     需要放入正式查核報告，不是稽核單位可以決定的事情。

  2. 某些公司（已具規模性的大型公司）因應不同事項或營運
     重點事項（例如財務、資安、勞安、營運、舞弊等）設有
     不同的專責檢查單位，對於特定事項的查核，必須尊重這
     些單位的壁壘分明（回歸這些專責單位進行檢查）。

- **選項中有無是否深入查核的選擇：**例如

  1. 作者與某知名生活用品公司董事長認識，當時第一印象這
     位董事長愁容滿面，深聊後得知這位董事長對於員工行為

極度沒有安全感，凡是半點、丁點疏漏都要求揭示與控制。所以這間公司稽核人員很好做，其查核工作只有鉅細靡遺的選項。

2. 作者與某專用資訊設備製造公司董事長認識，其篤信人本精神、認為只有不能信任的員工才需要制度控制；並常告誡稽核人員「世外人法無定法、然後知非法法也，人間事了猶為了、何妨以不了了之」。此公司稽核人員很好做，其查核工作只有從寬看待的選項。

實務探討 7：查核考量之「競爭環境」

《左傳·宣公九年》記載孔子引用《詩經》「民之多辟，無自立辟」評述當時的時政，意思是處於邪僻之世，不要想靠立法以禁邪，否則將為邪僻所害。以現在觀點來說，稽核人員必須了解及尊重所在組織「商業模式」與「運行結構」，否則不但將為公司帶來困擾，還會讓自己落個不懂公司產業競爭環境及不願協同組織運作的負面評價。

- **商業模式：**例如
  1. 實務中塞貨（讓通路客戶吃下遠大於正常銷售可以消化的

數量）能不能查、查實以後要不要控制？常理上會說「當然要查，不然就像之前某電腦公司新聞，銷售通路塞了一堆貨！」可是有些公司商業模式是採取塞貨，而且認列收入、保證換貨。某公司以新品換予通路客戶，舊品收回後作為另一品牌的投入原料或改（組）裝成新品出售，品牌間以價格差異區隔、在不同通路售予不同終端族群。商業模式包含塞貨的公司有其道理，此時應了解發生大量退換貨之處理方式為何？如果有合法方式化解，對於銷售通路塞貨就不是主要問題。

2. 某商品代理公司在表面上是賺取代理商品價差及後續相關服務的利潤，實際上此公司與各個事業部主管約定各事業部每年上繳利潤額度，超過約定利潤額度的金額由事業部主管自行處理。意即此公司真正商業模式是類似對於各個事業部主管收取靠行權利金，並透過代理各式商品建立一個靠行載體。為能讓各個事業部主管能夠順利取得約定利潤額度以上之金額，各個事業部的業務人員能夠主導採購職能（以製造價差），其銷售及採購僅能進行文件遵循查核、弗論交易合理性的深入查核。

- **當時當地之競爭態勢**：例如

    1. 某公司查核人員發現某項原料採購價格漲幅近2倍，追查發現之前該項原料從某合法特殊管道採購效期品，價格為正常品1/3。此採購方式屬於合法做法，可是與大眾認知的品牌形象嚴重不符。此次該特殊管道效期品被產業中其它公司盡數收購，採購人員只能回歸採購正常品（價格也回歸正常品價格），此時查核人員很難主張深入查核相關情勢。

    2. 又如第1.2節拆機品查核故事，在未取得董事長及總經理支持的情形下，查核人員很難進行太多主張。

實務探討 8：查核考量之「運作結構」

　　香港黑社會電影中描述過一種情節，因為黑社會秩序已經得到平衡，警方不會貿然逮捕黑社會老大，不然小弟們為了搶奪老大的位置，可能亂成一團（影響社會秩序）。而且黑社會老大在的時候，警方只需要找黑社會老大一人敘話，貿然逮捕後，山頭林立，警方要找一堆中小頭目來談（維持秩序的效率更低）。

- **運作結構已經平衡**：參考第3.3節故事「只有使用某間供應商

提供的零部件，才會通過某大客戶的品質驗收」。

- **短期有無解決能力**：參考第5.1節故事「公司不願投入額外資源因應競爭廠商長期促銷，怎麼辦？」。

實務探討 9：查核考量之「控制原則」

除了公司天條，任何查核及控制效益皆應大於成本，並符合奧卡姆剃刀原則與科斯定理（除控制成本，尚需評估推動阻力、溝通成本等交易費用）。

- **公司天條**：有些公司具有天條，天條事項接受極高的查核及控制成本。例如
  1. 某大電商將「遵守誠信、不作弊、不作假、不賄賂等」列為公司營運最高原則，後續亦因此衍生幾起更換高階員工的新聞。
  2. 公司最高指導原則之一為「員工安全」，教育訓練時明確舉例「與董事長開會，不論逾時多久，皆只能以正常行走速度前往會議場所。施工中未戴安全帽，任何職級都沒有補戴機會，直接開除」。因此只要員工安全相關議題，該公司查核人員可以大膽放心地以高規格主張查核與控制。

- **奧卡姆剃刀原則：**如無必要，勿增實體。例如

  1. 《禮記》說「禮不下庶人」，不是歧視。而是百姓忙碌生計，不具貴族禮儀條件，按貴族禮儀要求，只會擾民。
  2. 某公司成品不良率0.01%、客戶簽訂合約之不良率允收標準0.1%，可是該公司稽核主管卻仍以不良率0.01% > 0%的標準進行查核及開出缺失，結果被董事長要求檢討查核標準（如果組織不能夠容錯或設定不良率0%，組織需要付出極高的控制、檢查及矯正成本）。

實務探討 10：查核考量之「控制成本」

　　相信所有管理者及查核人員都具有控制成本的概念，如果效益低於控制成本，此項控制制度/活動不宜實施。

- **科斯定理：**1991年諾貝爾經濟學獎得獎主 羅納德·科斯（Ronald H. Coase）在1960年論文〈社會成本問題〉提出需要評估交易費用（推動阻力、溝通成本等），基礎論述是「在交易費用為零的情形，控制制度會自然選擇其效用最高及成本最低的方式」。科斯1990年〈社會成本問題筆記〉指出「現實生活中交易費用很高，不要活在以為交易費用是零、以為只

要有政策就能讓人執行的社會裡；你要永遠看到現實生活中的種種困難、種種障礙，要能思考現實生活的問題、而不是黑板上的問題」，對此本書舉例負面案例如下。

1. 某公司新進稽核人員領取第一個月薪水時，發現多了筆獎金（約本薪11%），詢問人資以後，覺得此項獎金之名目及計算方式皆不合理，惟人資表示「如果還有問題可詢問稽核主管」。詢問稽核主管，其表示「鑒於公司的薪資水準不高，設立此項獎金作為每月的補貼。至於母公司的稽核人員，其對於本公司產業運作不了解，不具提出疑問的知識。總之，你也有拿到此筆獎金，不要多嘴」。該名稽核人員不敢影響全公司同仁的獎金發放、更不想因此成為全民公敵（畢竟稽核人員要能夠活得下去，後續才能發揮價值），只好選擇將此現象按下不表（僅作成內部查核紀錄）。

2. 某公司新進稽核人員查核公司的交通費，發現管理職級人員交通費報支超過職級限額50~100%，例如經理職級（包含稽核主管）每月限額2萬元、實際報支3~4萬元以上。稽核主管表示「此為總經理體貼管理職級人員辛苦，每月交通費限額係住家往返公司上下班、其它公務交通費用另計」。該稽核人員表示「如果定義如此，應於辦法寫明每

月交通費限額係指住家往返公司上下班，其它公務交通費另計，而且此交通費限額應清楚定義是實支實付或是視為福利（沒有達到金額限制的額度，亦全額給予）」，結果該名新進稽核人員於到職的第一個月底就被請走了。

- **設想「如何降低交易費用」**：科斯定理可以充分解釋為什麼查核人員時常覺得阻力重重，現實中有種種割捨不下利害關係與心理計算，以致查核任務或良善的查核建議難以執行，甚至在據理力爭時讓查核人員反受其害（例如上述2例）。因此查核人員執行任務，除了秉持「忠實反應、客觀報導」的原則，還要能夠設想「如何降低交易費用」，本書推薦以下3個思考方向。

1. **系統性的說出一個完整故事**：很多時候針對單一控制項目討論，結果該項控制對應之影響性很小或者不符當時利益，造成推動困難或是不被買單。這時可以嘗試使用魚骨圖（參考第4.3節案例，為什麼應收帳款到期日在ERP系統具有被延遲計算的現象）、心智圖（參考第1.2節案例，為了競爭使用舊品組裝成新品出售，是否建言）等系統性的說出一個完整故事。

2. **協助消除組織盲點**：哈佛大學著名心理學實驗之一「看不見的大猩猩」，打破「眼見為真」、證實「看到」不等於

圖 2.1節　推動深入查核暨執行控制之考量事項

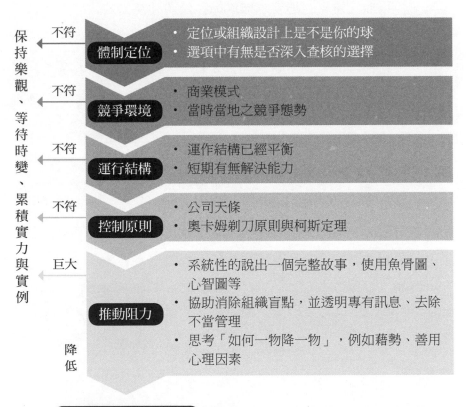

深入查核、執行控制　推動深入查核暨執行控制之考量事項流程

「看見」，即使資訊明顯也會漏掉，就算它明顯宛如一隻大猩猩！組織中的大猩猩（管理盲點）可能無處不在，如果能注意「合理要求被以犧牲公司利益方式達成」（參考第7.1節案例，共有多少物料適用特定的採購條件）、「不合情理的管理、資源配置及KPI等造成制度殺人」（參考第9.3節案例，一次生管、製造、倉管的串謀）等二種現

補充說明 1：科斯定理（Coase Theorem）與交易費用

經濟學者張五常《制度的費用》第二節（從交易費用到制度費用），交易費用的廣義定義「凡在一人世界不存在的費用（然而在多個人的社會裡存在），都是交易費用」。科斯第一定理「交易費用為零」，任何制度成形會自然選擇最有效安排。科斯第二定理「交易費用存在」，影響不同制度的效率，必須考量交易費用。科斯第三定理描述制度選擇方法，第一，若不同制度的交易費用相等，則取決於制度本身成本高低；第二，若某種制度非建立不可，考量不同實施方式有不同的成本（需要包含交易費用）；第三，若某項制度的成本大於效益，則其沒有必要建立執行；第四，即便現存制度不合理，但新制度成本無窮大或效益很小，此項制度變革沒有必要。

象，理論上作業主管及經營階層都會樂意配合，除非他們參與其中利害關係（例如舞弊）、蓄意利用此種資訊不對稱的弱點。

3. **思考「如何一物降一物」**：韓非（戰國末期法家代表人物）認為推動變革者相較於阻礙組織進步或違反綱紀者，通常官爵低、無朋黨依附、居少數、缺乏故交根基、與最高領導及其親信疏遠。基於前述5項弱勢，稽核人員執行任務時很難順遂，為順利推展還可以思考如何「借勢」（參考第4.1節案例，庫存管理不可能三角）、「善用心理因素」（參考第8.1節案例，這位獨立董事真的有盡責管事）。

案例 5：基於認識組織文字風格，止付將付的5億元

這一日小布收到執行長委託，查核公司的「新事業發展計畫」。新事業發展計畫書的評估項目如下頁圖所述，看起來項目大致完整、內容敘述詳細。可是小布一面看一面覺得奇怪，心中異樣的感覺越來越濃烈。

小布當時所在公司以產品創新、活動創新聞名，雖然以創新聞名，可是所有產品或活動企劃書的用字都非常嚴謹、甚至嚴肅，但

市場評估：
- 市場規模／潛力
- 銷售利基/滲透機會
- 市場結構（含上下游、進入障礙）
- 法律規定／同業規範
- 成本結構／競爭力
- 等等…

財務評估：
- 資本需求
- 預估現金流量
- 毛利率、營業淨利及報酬率
- 損益平衡時間
- 機會成本／虧損底線
- 等等…

經營評估：
- 經營結構／經驗背景
- 商業模式
- 產品、技術、品質、服務等優勢與穩定
- 定價方式／配銷通路
- 退場機制
- 等等…

是這一份新事業發展計畫書的用字「輕浮」，意即這份新事業發展計畫書應該不是公司內部人員所寫。

　　這個新事業是一個特許產業，需要政府核發之特許證書才能營業，該產業的產業法規定了許多禁止事項，例如禁止A、B、C、D、E等事項。這份新事業發展計畫書寫道法令規定不能具有A、B、C、D、E等事項，進行F、G、H、I、J等作法具有一樣的效果，意即走了許多法令灰色地帶。這些法令灰色地帶看起來有理、確實是替代性作法，可是如果真的觸犯法令最初立法禁止之目的或引起社會新聞事件時，這裡所謂的F、G、H、I、J等作法真的可以免責？！

　　最重要的是這個新事業對公司而言是一個全新、沒有接觸過的產業，不但沒接觸過、連一點邊都站不上，意即公司內部人員不具備這個新事業的產業知識與專業，以後真正關鍵的操盤人或執行者是誰？！

　　帶著上述疑問，小布找了執行長說「我對這個新事業的產業不熟，對於這份新事業發展計畫書的前因後果也不了解，不知您是否方便將其最原始發想至這份計畫書產出過程的所有資料讓我參考」。話才說完，沒想到執行長沒有絲毫遲疑的把所有手上資料，包含從第一封mail開始的全部文件都轉交給了小布。

　　小布看完執行長轉交的所有文件，從中找到甲君、乙君、丙

君等三人。甲君、乙君是公司預計聘僱暨負責操盤這個新事業的人員，丙君則是未來主要合作廠商，這份新事業發展計畫書也是由這三位撰寫而成。

小布Google甲君、乙君、丙君，發現甲君、乙君共同是兩起詐欺案的主要人員，根據新聞報導2案共吸金超過10億元；丙君則是另一起詐欺案的主要關係人員，根據新聞報導此案詐欺超過2億元。經過詢問，當時公司聘請的律師，全程參與了此次新事業計畫的發展過程，可是沒有對於這些預計合作的人員進行背景調查。

小布整理Google結果以後，mail發出臨時報告給董事長及執行長，言明「本公司對此新產業不熟，計劃書中的種種假設性作法，都有可能是風險；且本公司是名門正派，是否需要跟此三人合作，建議謹慎評估」。翌日，董事長決定暫停此新事業發展計畫，止付此計畫初期即需支付的5億元投資款。

看到這裡，或許有人覺得小布不就是瞎貓碰到死耗子！其實小布不是第一次遇到這種情形，小布最初遇到的兩起案例約莫是在十餘年前的兩間不同公司。

案例 6：（未作職前調查） 詐欺犯聘為財務長

第一起案例之前半部情節跟商業週刊第958期「詐欺犯變親

信？一缸子商場老將吃悶虧」的報導情節類似，當時小布不是稽核人員，只是一般的內勤人員。董事長好友一時不察，介紹了一位具有詐欺前科的年輕人至公司任職財務長，當時董事長親自出題口試這位年輕人，被其專業財金知識折服，立刻決定錄用。人資部門因為這位年輕人是董事長好友介紹，且通過董事長的親自口試，因此沒有背景徵信調查。

　　這位年輕人到職後，陸續將財務部門中階主管更換成自己的人馬，然後私刻公司及董事長印章，在外面調錢，一直到債主上門，這才東窗事發。此時競爭對手的公司正好招聘財務長，董事長沒有選擇提告這位年輕人，聽董事長近臣轉述「公司正在申請IPO（公開發行），提告不利IPO申請。而且提告以後，官司可能動輒拖個幾年，定讞後能拿回多少錢也是未知數；可是競爭對手公司若能因為這位年輕人損失的比本公司多，董事長認為就是本公司賺了」。

　　根據後續新聞報導，這位年輕人真的當上競爭對手公司財務長，安排原班人馬就職，在詐騙競爭對手公司數億元後，潛逃出國；根據江湖謠傳，競爭對手公司曾經進行職前徵信，可是被徵信的人員卻告知「如果這位年輕人私刻上一間公司的公司印章及董事長印章，逕以私自對外調錢的犯行屬實，他怎麼沒有被告」，競爭對手公司採信此一說法、未疑有它。

案例 7：（未作職前調查） 沒有發表記錄的優秀研究員

第二起案例，小布時任一間製造業公司的稽核人員，當時公司總經理接到一通自稱某政府機關一號主管的電話，推薦某位優秀人員至公司任職，並聲稱該名優秀人員是某知名研究機構的資深研究員，多次代表參與ISO條文制定。當時總經理大喜，依總經理當時表述「我們公司做到一定規模，才會有某政府機關的一號主管主動向我們推薦人才」，因此立即延攬聘用。事後了解，人資單位因為聽說是某政府機關一號主管的推薦、且總經理如此興高采烈，因此沒有對該員進行背景徵信。

小布聽聞，心下覺得奇怪「印象中ISO條文是ISO國際組織制定，沒有聽說邀請台灣研究機構參與制定」，而且基於上述第一起案例的經驗。因此決定Google該名優秀人員，Google完畢覺得更怪「既然是某知名研究機構的資深研究員，怎麼會連一篇學術期刊或專業性文章發表的紀錄都沒有Google到。反而Google到一位同名同姓的人士，具有偽造文書的判決紀錄」。

為了避免意外成真，讓總經理顏面掃地，小布帶著疑問先行告知總經理此一情形，建議總經理向某知名研究機構徵信。總經理聽完也覺得事有蹊蹺，請該名優秀人員至總經理室詳談。該名優秀人員到總經理室時，看到了小布也在場，直接開口詢問「你們是不是

Google過我」？然後自請離職。

　　看到這裡，相信有人不禁疑問「查核人員要負責人員職前調查嘛？！」當然不是，可是以下幾個狀況值得進行徵信。

* 突然冒出一位不世之才，而且負責重要職務。
* 需要職能分工（或功能性相互牽制）的幾位職務人員，在短期內予以更換。
* 具有投資金額較大之新事業合作夥伴（尤其是沒有接觸過的產業或領域）。

　　小布因為熟悉企業文化（了解公司文書用字風格），因此發現「新事業發展計畫」之預計合作者是幾起詐騙案的主要人員，讓現任董事長決定暫停此新事業發展計畫。不幸的是小布只注意到了「表層」，沒有注意到「裡層」（另一案例請參考第9.2節案例，悲觀背後可能還有悲觀）。

　　執行長為什麼委託小布查核「新事業發展計畫」？或者說執行長這麼老江湖的人，怎麼可能觀察不到小布發現的貓膩？再者，小布才向執行長索取資料，執行長馬上沒有絲毫遲疑的把所有手上資料，包含從第一封mail開始的全部文件都轉交給了小布，這些資料是不是執行長原本就事先準備好，等著小布來索取？

　　這個「新事業發展計畫」的主導者是公司下一任董事長的預定人選，小布絕對相信他也是被騙的人。可是被小布這麼一搞（而且還沒有事先知會他），他哪裡還有顏面，2個月後小布被他以不適合公司文化的理由給請走了。

　　在這個故事中，執行長不願意得罪下一任董事長的預定人選，因此找了小布這把刀，執行長看穿了小布的能力與性格，小布卻自詡觀察能力深入而沒有看穿執行長的意圖。更重要的，小布完全忽略了該公司權力交替的關係，竟然在沒有事先知會的情形下，就mail發出臨時報告給現任董事長及執行長，讓下一任董事長預定人選有被背後插刀的感覺，最後讓自己陷入尷尬的處境。

本節觀念回顧

- 《詩經》「民之多辟，無自立辟」，意思是處於邪僻之世，不要想靠立法以禁邪，否則將為邪僻所害，本節中某新進稽核人員查核公司交通費的案例既是一例。在進行評估判斷時，我們必須將所有可能的後果一起納入評估（正面、負面，不僅考量組織，也要考量自己）。

- 凡人沒有上帝視角的全智慧、全訊息，以避開所有類型風險，因此需要有一套釐清的核心原則幫助判斷。對於什麼情

形要查、什麼情形要深入查、什麼情形要正式寫入報告（暨要求改善）等之判斷，本書推薦以易經「明象位，立德業」作為「釐清核心原則」。

1. 明，設身處地、揣摩通透、觀察入微、洞見表裡的進行審視。

2. 象，清楚組織的文化、價值、目標、規範、流程、系統等之現象與原理，做為判斷是否具有異常的基準。

3. 位，需考量組織的體制定位、競爭環境、運作結構、控制原則、控制成本（含評估推動阻力、溝通成本等），以作出適合組織整體環境之後續行為。

4. 釐清核心原則以後，請確實執行及適時調整精進。

2.2 正念思考（Mindfulness）

　　第2.1節說明「釐清核心原則」，可是釐清核心原則過程的要件，不論是洞察能力或是剖析底層邏輯的思維，都需要時間與經驗累積。在此等能力及思維尚未建立前，本節推薦一個替代方式「正念思考」，需要注意「正念思考時，仍需結合組織體制定位、競爭環境、運作結構、控制原則、控制成本等作為採取行動的參考邊界」，不然很可能遭受一意孤行、恣意妄為、不切實際、坐井觀天等之責問與非難。

　　正念思考最直觀的判斷參考是「這個項目查與不查（包含深入查核等），是否對得起自己的道德良心？是否可以對於自己的父母、子女、另一半啟齒？如果易地而處（將自己放在組織利害關係人、查核任務委託者等立場），自己是否覺得有所損失？」。

　　另，提供國際內部稽核協會（The Institute of Internal Auditors，簡稱IIA）發布的國際專業實務架構（International Professional Practices Framework，簡稱IPPF）作為參考，稽核人員應符合「誠正、客觀、保密、適任」等基本原則及行為準則。

補充說明 2：正念思考（Mindfulness）

　　正念思考不等於正向思考，也不是指保持樂觀想法，而是「客觀的體察內在身心與外在世界」，幫助我們做出更好的決策。知名學者喬・卡巴金（Jon　Kabat-Zinn）博士對於「正念」所下的定義是「對於當下，以不帶批判的形式予以覺察（Mindfulness is paying attention in a particular way, on purpose, in the present moment, and nonjudgmentally）」。

補充說明 3：稽核人員的基本原則及行為準則（節錄IPPF）

- 誠正：樹立他人之信任，因而提供對其判斷寄予信賴之基礎。

  1. 應以誠實、嚴謹及負責之態度執行其任務。

  2. 應遵守法律並依照法律及稽核專業之要求做適當揭露。

  3. 不得明知而涉入任何不法的活動，或從事有玷辱內部稽核專業或其服務機構之行為或活動。

  4. 應尊重其服務機構之既定及倫理目標並作出貢獻。

- 客觀：蒐集、評估及溝通有關檢查活動或流程等之資訊時，應表現最高度之專業客觀性。內部稽核人員對所有攸關情況之評估應力求平衡，作成判斷時不受個人利益或他

人之不當影響。

1. 不得參與任何之可能損害或被認為損害其公正評估的活動或關係，包括其服務機構利益可能衝突的活動或關係。

2. 不得接受任何可能損害或被視為損害其專業判斷之東西。

3. 應揭露所有獲悉之重大事實，否則，可能對營運活動覆核所提報告產生誤導。

• 保密：應尊重所獲得資訊之價值及所有權，非經適當授權不得揭露此等資訊，但有法律或專業義務應予揭露者不在此限。

1. 應謹慎使用及保護其在執行任務過程所獲得之資訊。

2. 不得使用資訊以圖個人利益，亦不得以違法或有損其服務機構之既定及倫理目標的任何方式使用資訊。

• 適任：於提供內部稽核服務時，應能運用所需之知識、技能及經驗。

1. 應僅從事其具有專業知識、技能及經驗之服務。

2. 應依照內部稽核執業準則提供內部稽核服務。

3. 應持續改善其專業能力及服務之效果與品質。

案例 8：這張壁紙竟然是張大千的真跡

　　十餘年前小布任職一間營業額巨大、具有多間貴賓室（VIP Room）的公司，當時小布執行報廢品盤點任務。小布在執行盤點前準備了二份清單，第一份是報廢品的完整清單，包含其財產編號、財產類型、財產名稱、取得日期、除帳日期、折舊年限、已折舊年數、取得金額、已折舊金額、剩餘價值金額等欄位資訊。第二份清單是從第一份清單中挑選自己此次希望抽盤項目，刪除非抽盤項目，目的是便捷翻閱清單。

　　小布到了盤點現場，行走間看到了一個空畫框，小布心想「怎麼有個畫框，印象中報廢品項沒有畫框啊！」小布端詳畫框正面，沒有看到什麼。彎腰，移動畫框看看畫框背面，看到背面貼著一張財產標籤貼紙，另外有著2行小字。蹲下，近看標籤貼紙所印財產編號，核對至報廢品完整清單的財產編號，清單中財產類型「辦公室裝潢-雜項」、品名「壁紙」、折舊年限3年、已折舊年數3年、取得金額890萬元、已折舊金額890萬元、剩餘價值金額0元；再看2行小字，上面一行「OO畫廊」，下面一行「張大千OOOO（畫作名稱）」。

　　看到此清單資訊與文字資訊的落差以後，小布心中疑問叢生，同時一陣見獵心喜（第1.1節所述生物本能攻打機制啟動），小布

心想「張大千畫作與壁紙差異太大，如果真的是張大千畫作，財產名稱就應該記錄為張大千畫作，不應該紀錄為壁紙；而且張大千畫作只有越來越值錢，哪有人把張大千畫作拿去提列折舊、報廢？再說，就算是真的報廢，畫去哪裡了？」

　　不過小布又想「會不會只是換個新畫框，舊畫框趁其它品項報廢時一起拿來丟掉？這樣的話，就只是單純財產入帳的認定有問題。可是這樣在財產管理上會有很大的漏洞，張大千畫作因為提列折舊，財產價值金額變成0元。除帳以後，因為財產目錄（ERP系統中財產狀態「有效」）沒有此一項目，張大千畫作如果被人拿走，很可能核對不出來，增加公司財產被人侵占的機會」。

　　小布隨即又想「會不會真的是壁紙，總務人員只是為了貼財產標籤而隨意找個地方貼財產標籤，實質上跟張大千畫作是二碼子的事情。不過有畫框、沒有畫作，還是可以詢問總務人員，看看畫作的本體在哪裡」。

小布：請問這邊有個畫框，裡面的畫作去哪裡了？

總務沒有說話，伸出右手食指往斜上方指、指、指，總共指了3下。

小布學著總務伸出右手食指，往斜上方指、指、指，指了3下以後，詢問：往上面指3下是什麼意思？

> 總務：這個問題你去找你們寬姊（稽核主管）討論。
>
> 小布：我總要詢問清楚資訊才能討論，不然一問三不知，
> 　　　一定被寬姊嫌得很慘。
>
> 總務：你先找你們寬姊討論再說。

　　一般系統紀錄資訊分為外頁及內頁，外頁資料通常是第一層資料，其中的資料欄位多可使用撈取清單的方式製作成資料清單；內頁資料通常為第二層（含）以後的資料，需要一筆一筆點入觀看，列印時也需一張一張列印，多半無法以清單形式一次撈出。小布回辦公室以後，先進ERP確認財產目錄資訊，說不定是自己撈取資料時有誤。檢視該組財產編號的系統外頁資料，資料欄位確實是財產類型「辦公室裝潢-雜項」、品名「壁紙」、折舊年限3年、已折舊年數3年、取得金額890萬元、已折舊金額890萬元、剩餘價值金額0元。點入該筆財產編號的系統內頁時，發現內頁的資料備註欄位紀錄了「OO畫廊，張大千　OOOO（畫作名稱）」的資訊，與畫框背面文字一致。

　　小布入職以來，寬姊一直對小布很友善，小布帶著這個發現現象找寬姊討論。

> 寬姊：這種金額的裝潢雜項，請購、採購、驗收、入帳、

報廢等作業一定都會經過行政主管、會計主管、財務主管、總經理等簽核與把關，相信不會有問題。

小布：張大千畫作只有越來越值錢，將張大千畫作拿去提列折舊、報廢，就是不合理的作法。再說，只見空畫框，畫去哪裡了？！如果這是個人財產，個人買來以後，不要說當成壁紙，就算是當成廁紙，別人都管不著，最多被人認為暴發戶、暴殄天物。可是張大千畫作是有實際拍賣行情藝術品，是公司財產，要對投資人負責。

寬姊：這個事情你不要管了，我找機會問問。

　　小布心中不忿，以財產類型「辦公室裝潢-雜項」進入系統尋找歷5年的財產目錄異動紀錄，品名「壁紙、飾品」皆點入系統內頁資料備註欄位觀看，然後帶著此一發現，以及詢問會計主管及總務主管的回應，再次找寬姊討論。這次見到寬姊時，小布還沒有開口，寬姊就先對小布高興的說「總經理做了良善的正面回應」。

寬姊：總經理表示「這幅張大千的畫作，他是找人更換新的畫框，更換完畢，他打算掛出來讓員工一起欣賞」。

小布：

- 歷5年財產目錄異動紀錄，我另外找到李可染○○○○、張大千○○○○（另一幅）、溥心畬○○○○、郭柏川○○○○、佐藤公聰○○○○等數名國際級大師的畫作，不知總經理是不是也拿去找人更換新的畫框，還沒有更換完畢。

- 引用（當時）財政部國稅局解釋所得稅法第54及第59條規定「屬於折舊性固定資產及遞耗資產始能逐年提列折舊或計算各項耗竭及攤提，藝術品不但沒有耐用年數問題、價值更常因長期持有而與日俱增；因此藝術品之性質，既非屬折舊性固定資產，亦非屬遞耗資產，不得列報折舊費用或各項耗竭及攤提」。另外，財產名稱欄位應以「藝術家名字＋藝術品名稱」登錄，方便管理人員及查核人員清楚辨識。

- 會計及行政主管等皆表示「財務長、總經理等皆已簽核，符合公司核決權限，請稽核單位不要干預作業單位的日常作業」。小布當下表示「好啊！我會帶著5個選項提供財務長、總經理選擇。第一，財務長、總經理等沒有看文件內容就簽核，這是失

職。第二，看了以後，覺得有問題，可是還是簽核，這是瀆職。第三，看了以後無法判斷，也不詢問幕僚，就貿然簽核，這是不適任。第四，跟2位（會計及行政主管）講好，這是串謀。第五，財務長、總經理相信2位，因此簽核，這是遭受2位蒙蔽。你們覺得財務長、總經理會怎麼選擇？」

沒想到寬姊突然潸然淚下，表示：小布，你再給我一些時間處理。

此後幾週，寬姊的心完全寬不起來，幾次在她辦公室時默默掉淚。小布入職以來，寬姊一直對小布很好，小布心中覺得對寬姊非常不好意思，自請離職。

本節觀念回顧

- 查核人員應符合「誠正、客觀、保密、適任」等基本原則及行為準則。
- 洞察能力或是剖析底層邏輯的思維，都需要時間與經驗累積，此等能力及思維尚未建立前，本節推薦一個替代方式「

正念思考」。

- 需要注意「正念思考完畢以後，仍需以組織體制定位、競爭環境、運作結構、控制原則、控制成本等作為採取行動的參考邊界」，不然很可能遭受一意孤行、恣意妄為、不切實際、坐井觀天等之責問與非難。

- 關鍵訊息有時會被記錄在冗餘資訊欄位（例如本節案例中的財產目錄系統內頁資料備註），其它例子請參考第6.1節案例。

- 所得稅法第54及第59條規定「藝術品不但沒有耐用年數的問題、價值更常因長期持有而與日俱增。因此藝術品之性質，既非屬折舊性資產，亦非屬遞耗資產，不得列報折舊費用或各項耗竭及攤提」。

2.3 風險評估

　　第2.1節說明「釐清核心原則」的重要性，當達到釐清要件之洞察能力及習慣剖析底層邏輯思考，查核任務過程中的判斷將如手術刀式的精準。第2.2節說明「正念思考」的價值判斷，查核任務過程中遵從國際內部稽核協會（IIA）發布之基本原則「誠正、客觀、保密、適任」。當「釐清核心原則」能力尚未足備，又因一些不情

基礎描述		風險分數（常見計算）＝ 重要×影響可能，或重要＋影響＋可能				週期性	
風險評估項目	主要之範圍及風險事件（情境）	重要性 註：有些人以自己主觀認知評估重要性，有些人以「財務指標及非財務指標」評估。	影響性： A項B項 ..等	可能性： A項B項 ..等	列入查核	上次查核年度	列入查核
甲							
乙							
丙							
（略）							

因素（例如職級低微、對方氣場太強等）造成無法依照「正念思考」結果安排查核時，本節推薦可以使用「風險評估」作為阻卻「抗拒查核」的合理性說明。

　　本書並非專門講解風險評估的書籍，本節僅對其目的、確認內容、常見評估方式等進行簡單的補充說明。

補充說明 4：風險評估（Risk Assessment）

- 風險管理的重要過程，評估目的（參考維基百科）是在回應以下基本問題。

  1. 現狀是什麼？可能發生什麼事件（情境）？為什麼發生？

  2. 發生的損失（金額損失、負面影響）是什麼？對目標的影響有多大？

  3. 這些損失發生的可能性有多大？

  4. 風險等級（程度）是否是可容忍、可接受？或需要進一步應對？

  5. 降低風險之損失程度及發生可能性的方式？

- 評估過程之主要確認內容。

  1. 保護的對象，例如某些重要的資產、商譽、作業效果／效率等。

2. 保護對象面臨哪些潛在的威脅，威脅發生之原因種類。

3. 保護對象存在那些弱點可被威脅利用，被利用可能性（容易程度）為何。

4. 威脅發生時組織的承受損失能力。

5. 應該採取哪些措施，才能將風險帶來的損失降低至組織願意承受範圍。

6. 每個保護對象可能面臨多種威脅，每種威脅可能利用一個以上之弱點。

補充說明 5：常見風險評估方式

- 評估項目：評估的標的，例如某些重要的資產、商譽、作業效果／效率等。

- 主要之範圍及風險事件：評估標的包含哪些事項、作業，主要風險情境為何。

- 重要性：顧名思義，評估的標的對於組織營運之重要程度。常見給予1~5分，分數越高，重要性越高，有些人在評估時會將「財務指標」或「非財務指標」轉換成分數。

1. 財務指標，例如銷售金額、採購成本、支出費用、生產

產值、獲利能力、某科目金額占總資產金額比例、某營業活動金額占現金流量金額比例等。

2. 非財務指標，例如其對於組織形象、商譽、文化等之建構關係。

- 影響性：事件發生時對於組織的可能影響（損失）程度，分數越高，影響性越高。有些人不將影響類別細分，直接給予一個整體性分數；有些人則分門別類評估，例如對於組織形象、決策資訊、營運效果、財務健全、營業秘密、資安、環安、勞安等類別的影響，然後綜合給予分數（例如將各類別給予百分比加權計算、或以其中最高得分者之分數為分數）。

- 可能性：考量既有管理與控制方式之事件發生可能性，分數高，可能性越高。理論上，管理與控制方式的設置越好，事件發生或大範圍損失的可能性越低。有些人不將管理與控制方式的類別細分，直接給予一個整體性分數；有些人則分門別類評估，例如對於人員分層把關、機具器械維護、物料供應管理、法令遵循意識、環境變化準備、管制措施啟動、組織公關能力等類別的失能可能，然後綜合給予分數（例如將各類別給予百分比加權計算、或以其中

最高得分者之分數為分數）。

- 風險分數：事先定義風險分數於幾分以內屬於低風險、幾分~幾分屬於中風險、幾分以上屬於高風險，也有人區分為低風險、中低風險、中風險、中高風險、高風險；再將重要性、影響性、可能性等綜合計算得分（例如3者加權或相乘），分數高於中風險或中高風險之分數定義者，列入查核事項。

- 上次查核年度：有些項目風險分數可能怎麼計算都很小，以致連續多年沒有查核。除非真的完全無關緊要，建議3~5年為週期，將未曾查核事項列入。

　　通常風險評估過程具有「主觀判斷偏差之先天不足、評估條件有誤之後天失調」，因此使用風險評估決定什麼需要查（及深入查）、什麼不用查時，需要完備相關準備工作，以「減少主觀判斷的空間、注意評估條件的偏誤」，風險評估的效果也才能因此完整發揮。

實務探討 11：風險評估宜「減少主觀判斷的空間」

　　風險評估過程中最容易產生爭議的地方是由「人」評估給分，每一個人有每一個人的主觀意識，例如你認為的重大情況，不代表我認為重大；我認為的5分，你可能認為只有2分，造成評估結果具

	基礎描述	必查事項			確認「管理機制」				分數＝影響×可能			週期性	
風險評估項目	主要之範圍及風險事件（情境）	具有重要之新增或改變事項	法令規範必查	經營階層關注	第三方關注	ＩＳＯ查核項目	上次遭受裁罰日期	上次裁罰1～2年內金額	影響性：Ａ項Ｂ項：等	可能性：Ａ項Ｂ項：等	風險分數	上次查核年度	列入查核
甲													
乙													
丙													
（略）													

有爭議（失準）空間。因此需要盡量納入客觀因素，降低主觀意識成份。

- **加入客觀判斷因素**

  1. 具有重要之新增或改變事項：例如新的作業方式、新的產品生產線、系統轉換、組織變革等，由於是全新的或跟以往不同的，等於之前沒有確認過相關管理機制之設計是否完整（可行）與執行是否落實，是故應該直接列入查核事項，確認其設計與執行有無問題。

  2. 法令規範必查：遵循法令是組織經營最基本底線，法令規範必查項目應該直接列入查核，不用進入後續影響性及可能性之評估。

  3. 經營階層關注：理論上，經營階層對於組織經營負責，相較查核人員應該更熟悉組織運作，再說內部稽核之目的在於「協助董事會及經理人檢查及覆核內部控制制度之缺失及衡量營運之效果／效率，並適時提供改進建議」；對於訪談以後，經營階層表示之關注事項應直接列入查核，不用進入後續影響性及可能性之評估。

  4. 第三方關注、ISO查核、上次遭受裁罰等事項：此等事項皆影響組織營運狀況，通常已經設置負責的管理單位。查

核人員不一定需要親自執行檢查此等作業，可是要確認其
管理機制的運作情形，包含管理單位是否有自我檢查、檢
討、持續改善（進步）的機制。

- **德爾菲法＋辯證法**

1. 德爾菲法（Delphi method）是種結構化的決策支持技術，
   它的目的是在訊息收集過程，通過多位專家（例如組織中
   的經營階層或中高階主管）獨立主觀判斷，獲得相對客觀
   的訊息及意見（例如對於影響性及可能性之意見）。

2. 辯證法（Dialectics）是一個解決涉及對立雙方之間的矛盾
   過程，涉及在二人或二人以上對於同一主題持有不同看法
   間的對話，目的是透過這種具有充分述明理由的對話，建
   立對於事物的真實認知。例如透過兩組人員進行風險評
   估，對於2組看法差異處，闡述觀點、進行充分討論。

3. 德爾菲法＋辯證法：結合德爾菲法及辯證法，盡可能讓事
   情觀看角度客觀。舉例一個應用於風險評估的實際例子，
   某機構具有13名稽核人員，進行年度風險評估時，除總稽
   核以外，其餘12名稽核人員分成三組進行風險評估辯證，
   並且邀請該項評估作業的單位一級主管（或一級主管指派
   人員）至辯證現場提供類似德爾菲法的專業意見及共同給
   予給分，方式如下。

基礎描述	第一組	第二組	第三組	總稽核	該項作業之單位一級主管或代表
甲	正	中立方	反		
乙	反	正	中立方		
丙	中立方	反	正	控制發言及中立方	提供專業意見及共同給分
丁	正	中立方	反		
戊	反	正	中立方		
己	中立方	反	正		
（略）					

3組人員輪流當任正方、反方、中立方，正方極盡可能舉證影響性及控制薄弱之可能性，反方站則在作業單位角度舉證沒有如正方敘述的嚴重。為求給分客觀，正反方皆不能對於該項評估作業給分；在該項評估作業的單位一級主管（或代表）陳述專業意見完畢，中立方及該項評估作業的單位一級主管（或代表）共同給分。

實務探討 12：風險評估應「注意評估條件的偏誤」

　　小布有個同學小Y，小Y就讀大三時甲乙二個科目當了，需要暑修，報名暑修時小Y報成丙丁二個科目。暑修完畢，小Y這才發現暑修科目報名錯誤，生氣地去詢問教務人員「報名丙丁二科暑修時，你怎麼不告知，是甲乙二科當了，應該報名甲乙二科」？教務

人員回覆「我以為你喜歡丙丁二科，因此報名暑修再上一次課」。小Y暑修的故事中依序有3個錯誤，小Y看錯被當掉的科目、教務人員誤會小Y報名暑修的目的、小Y認為教務人員有良好注意及提醒的能力。

敬請注意，風險評估時可能面臨與上述一樣的問題，「風險清單不完整、底層邏輯不正確、控制基準不適當等評估條件偏誤」，造成風險評估失準。

- 風險清單不完整：不存在認知中的事情，無法評估。
- 底層邏輯不正確：看事情的角度有異，評估的結果就會有異。
- 控制基準不適當：就像地基沒有打好，大樓很可能越蓋越傾斜。

案例 9：一塊不存在的廠房土地

不存在認知中的事情，無法評估。L公司有一日接到一通來自菲律賓的電話，一間菲律賓公司想要購買L公司在菲律賓的廠房土地，L公司的認知中在菲律賓沒有廠房土地，認為這一定是詐騙手法。

沒有想到這間菲律賓公司不死心，一直聯絡L公司，並提出菲

律賓政府的證明，證明他們想購買的廠房土地確實屬於L公司。這下L公司納悶了，「在菲律賓怎麼會有廠房土地？！」

此時一位屆退員工搬出一箱文件，拿出了這塊廠房土地的權狀，原來L公司20年前併購C公司，C公司在菲律賓有一塊廠房土地，但是當時L公司沒有完整建立C公司的財產清冊。當時這位屆退員工很年輕，他收到C公司這箱文件時，L公司因為輩分觀念很重，沒有人理他；他就將這箱文件放在自己桌邊，放了近20年。這間菲律賓公司想要擴廠，看了半天，當然是隔壁這間荒廢20年的廠房土地最好，因此在與菲律賓政府查詢所有權後，聯絡L公司。

L公司稽核人員超過20人，以查核嚴謹著稱，可是在「風險清單不完整」的情形，不論多嚴謹，都不可能列入風險評估（因為不知道等於在認知中不存在），更不可能做出活化閒置資產的查核建議。

案例 10：制服是否需要每季請知名設計師重新設計

如果看事情的角度有異，評估的結果就會跟著有異。某服務業公司每季都具有購買4千套制服的需求量，每套制服採購單價3萬元。小布查核時覺得一套制服怎麼會這麼貴？經過詢問，公司每季透過製衣廠與某義大利名牌服裝的設計師聯絡，請其每季更新制服

設計，制服設計費分攤後每套制服3萬元。稽核主管及採購主管等皆表示「制服是公司形象，採購過程符合公司流程規定、依據核決權限簽核，沒有問題」。

先不論是否真的是義大利名牌服裝的設計師，小布從底層邏輯思考，公司尋找知名設計師設計的目的，不是為了給員工在外人面前走秀；如果目的是為了走秀，可能不只是每季重新設計，甚至是每月份重新設計。公司最初的目的是希望給外人光鮮亮麗的高檔形象，這樣是否一定要找義大利名牌服裝的設計師？而且是否有必要每年4季重新設計，能不能將4季款式定型以節省後續年度的制服費用？當作業目的「底層邏輯不正確」，則異常現象之相關風險將無法有效評估、更不可能做出節省費用的查核建議。

案例 11：查前人所未查，結果取回1.2億元現金

如果地基沒有打好，大樓可能越蓋越傾斜。某公司推出預付型業務已經超過10年，但是此預付型業務一直沒有訂立相關的內部控制制度。小布到職後，觀察此預付型業務從來沒有列入風險評估、更不用說進行查核，原因以下3點。

• 第一，一般查核人員排定風險評估項目時，習慣依據內部控

制制度的項目作為評估標的,因為公司預付型業務一直沒有訂立相關的內部控制制度,所以未被列入風險評估項目,即「風險清單不完整」。是故具有重要新增或改變事項,即應列入查核,根據查核結果敦請作業單位訂定管理辦法及控制制度。

- 第二,預付型業務佔公司總營業額不到5%,一般查核人員評估風險之重要或影響性時,習慣因為某項業務金額占營業額(或現金流量金額)比例較低,給予較低的分數,導致風險分數較低,而未能安排查核(查核資源有限,安排風險分數中高項目進行查核)。是故建議3~5年為週期,風險評估時將3~5年以上未曾查核之事項列入查核。

- 第三,根據法令規定,預付型業務需要至銀行信託帳戶存放履約保證金。雖然公司一直沒有訂立預付型業務相關的內部控制制度,可是為了符合法令規定,會計師事務所、公司財務單位、銀行信託單位等3個單位半年核算一次預付型業務銷售金額及銷售後尚未履約(使用)金額,以確保履約保證金適足。由於會計師事務所、公司財務單位、銀行信託單位等每半年週期性核算,一般查核人員評估風險之可能性時,容易因為控制作業嚴謹而將可能性給予較低分數,導致風險分數較低,而未能安排查核。

　　鑒於預付型業務自始未曾進行查核，因此小布決定列入當年度查核項目。經過風險辨識，小布擬列本項查核重點為「通路鋪貨、獎金發放、保證金合理性」等，安排查核人員進行查核。查核以後，將通路塞貨列入持續觀察事項；發現獎金計算參數設定有誤，已經取消的銷售合約金額仍然列入獎金計算，令其改善；會計師事務所、公司財務單位、銀行信託單位等雖然每半年週期性核算一次，可是引用不當法條作為計算基礎，經過糾正，信託銀行還給公司1.2億元現金。故控制機制看起來嚴謹，仍需確認執行過程是否建立在「正確無誤的基準」，不然可能只是嚴謹的得到錯誤結果，而且自以為管理良好。

本節觀念回顧

- 「風險評估」屬於一種一致性的機械性作業，若遇受查單位抵抗、不配合時，可以用來作為阻卻「抗拒查核」的合理性說明。
- 風險評估，減少主觀判斷空間，例如加入客觀判斷因素、德爾菲法+辯證法；注意評估條件偏誤，例如風險清單不完整、底層邏輯不正確、控制基準不適當。
- 具有重要之新增或改變、法令規範必查、經營階層關注等事

項，應列入查核。

- 第三方關注、ISO查核、上次遭受裁罰等事項，需要確認其管理機制運作情形，包含管理單位是否有自我檢查、檢討、持續改善（進步）的機制。
- 建議將3~5年以上未曾查核之事項列入查核。

2
PART
要怎麼查
不拘既有框架

　　延續Part 1小布骨折事件，某日天雨路滑，小布滑了一跤，頓時感到左腳一陣劇痛，去醫院檢查。醫生照了2張X光片，第一張是面向左腳背的角度照射，X光片中沒有骨折跡象，小布看到第一張X光片時心頭一喜，心想「我就說我還算年輕，怎麼可能滑一跤，腳就斷了」。第二張是左腳腳底的角度照射，X光片中左腳蹠骨裂了2處。

　　上述情節，小布犯了查核時的常見錯誤，「誰說看事情只有一種角度？」如果依照小布的觀點，第一張X光片沒事，可以回家了；在回家的移動過程中，原本骨裂的地方可能隨著移動越裂越大，最後真的變成骨折。還好醫生拍了第二張X光片，從腳底照射的視角發現左腳蹠骨裂了2處，醫生作出將左腳固定的診斷與處置，以防裂痕處裂得更嚴重。

　　執行查核任務也是相同道理，「誰說查核只有制式方式？」有些查核人員見事務所怎麼查就怎麼查、課堂學習怎麼查就怎麼查、過往底稿怎麼查就怎麼查、參考書籍寫怎麼查就怎麼查、前輩說怎麼查就怎麼查、江湖流傳怎麼查就怎麼查，可是查了半天都沒有發現的時候，應該怎麼辦？是否想過還有其它方法可以查！

　　例如採購案可以怎麼查？有些人順查、有些人逆查，順查主要目的是確認完整性，從請購開始一路往下查至採購、驗收、入庫、付款等；逆查主要目的是確認真實性，從付款紀錄一路回溯查至入

庫、驗收、採購、請購等；包含確認採購之需求評估、規格文件，
及詢比議價過程等是否具有懸念。除此之外，還有什麼角度值得
注意？有沒有可能這筆採購根本不存在，從需求開始就是虛構創
造的？或這個採購標的，組織根本不需要、不合用、跟作業政策
不符？

案例 12：採購目的與公司目標同調？

　　小布認識很多公司的稽核人員，某年小布拜訪某間治理形象良
好公司，並希望觀摩其查核任務執行方式，以茲學習。由於產業類
型不同，該公司稽核主管晴姐拗不過小布的學習心，只好勉為其難
的拿出各產業皆有之採購作業查核底稿給小布參考。

　　該公司之前併購了數間公司，由於一些狀況，某些系統沒有選
擇整合，因此該公司具有4套重要的核心資訊系統。小布觀看查核
底稿之資訊系統升級及其熱址備援採購時，看到了第五套系統，且
從底稿附件中觀察其請採購流程及需求評估文件等完整。

　　小布（好奇詢問）：這個第五套系統的用途什麼？

　　晴姐（定睛看了一下）：其它4套核心系統於每年資訊作
　　　　　　　　業查核時是必查事項，這個第五套系統我也不認

識。可是資訊副總簽字了、執行副總簽字了、總經
理簽字了、董事長也簽字了，應該沒有什麼問題。
小布：這些長官簽字，就真的代表沒有問題？先不說資訊
副總，執行副總、總經理、董事長等對於資訊設備
了解多少？一般而言，資訊單位做成看似專業的
評估報告，他們可能就簽了，還是建議你們了解第
五套系統是什麼。另外，建議你們可以統計一個資
訊，這間得標資訊公司，不論是公開招標或指定廠
商採購，歷3年中占你們公司資訊設備採購金額的
比例是多少。
晴姐：統計後，這間公司占資訊設備採購金額80%。第五
套系統是什麼，我們正在了解（至今，晴姐仍然沒
有給予小布答案）。

　　回歸「怎麼查」這個問題，很多時候查核人員依照流程查核，
該有的流程文件都有、該有的評估報告都有、該簽核的都簽了，看
起來沒有問題，可是有沒有設想過這種流程導向的查核具有以下
問題。

・原始需求（及過程文件）是被創造出來的：例如一些公司在

購買原物料時，具有每年降低多少%價格的Cost Down政策。
這些公司每年都有新料號品項產生，而這些新的料號品項跟
舊有料號品項一模一樣，主要是因為降價越來越困難，作業
單位只好相互配合，換個新料號重新開始。

- 相關標準設定過高：例如1.3節中租賃電腦規格降階的案例，
  如果沒有注意租賃規格高於實際使用需求規格，就會產生
  浪費。

- 流程導向查核的先天弱項：

  1. 隨著作業成熟，可以做出的查核貢獻越來越小。

  2. 陋規陋習不會記載於流程中。

  3. 重大舞弊事件，通常都能避開（或繞過）流程的管控
     重點。

  4. 流程導向無法反應環境變化。

  5. 流程導向無法反應重要作業事項之改變。

因此要怎麼查？建議「不拘既有框架」，如何做到不拘？本書
建議3條參考原則，「避免畫地自限，推演後續影響，他山之石
攻錯」。

第三章

避免畫地自限

相傳拿破崙檢閱軍隊時有一個習慣，他喜歡單獨和某個士兵對話。但是往往因為時間緊湊，無法交流太多，因此拿破崙通常詢問後面這3個簡短的預設問題。第一，你年紀多大？第二，你參軍多久？第三，法國兩場大型戰役中你是否參加過哪一場？

某次拿破崙檢閱軍隊，抽中一位法語完全不行的士兵。士兵的同伴就好心告訴他「拿破崙詢問你問題的時候，你就依序回答25、3、都有等3個法語單詞就行」。好死不死的是，拿破崙這次沒有按照預定的順序詢問。

拿破崙「你參軍多久？」士兵回覆「25」。拿破崙（心中納悶，我軍隊建立都還沒有25年）「你年紀多大？」士兵兵回覆「3」。拿破崙（可能心中感到吃驚，改變了預設問題）「是你瘋了？還是我瘋了？」士兵「都有」。

這個故事地方寓意是「使用一成不變的方法應對問題，很有可能製造更大的問題。只知道高效的方法，而不知道其原理與邏輯，往往不能達成希望的功效」。

關於執行查核時如何「避免畫地自限」，本節中提供3個方法

供讀者參考，分別是「保持開放心態，提高格局層次，在取捨中前進」。

3.1 保持開放心態

一些偵探小說或影片中，常常見到警方被拿來作為襯托偵探的判斷能力不足角色。警方判斷能力不足的主要原因，在於開始辦案時，他們總是希望藉由少量的事實，推論出答案，而且很難說服警方去考量那些和他們立場或經驗不同的觀點與方法。借用柯南·道爾筆下人物「名探福爾摩斯」的名言，「在沒有得到事實之前作出推論是個很可怕的錯誤，人們會不自覺地扭曲事實以符合自己的推論，而不是根據事實推導結論（It is a capital mistake to theorize before one has data. Insensibly one begins to twist facts to suit theories, instead of theories to suit facts. - Sir Arthur Conan Doyle, Sherlock Holmes.）」。

很多查核人員查核銷售作業時，會分析客戶及訂單的毛利率，針對其中低毛利率者確認其低落原因、銷售條件是否經過核准、業務管理單位或經營管理單位是否確實執行監督與檢討。可是什麼是低毛利率？是否低於平均毛利率就是低？當然不是，還要考量銷

售通路差異、客戶期間進貨數量級距等，例如開放通路的毛利率較低、封閉通路的毛利率較高（例如進入電影院、學校、醫院、監獄等之終端客戶的產品可選擇性少），例如客戶期間進貨數量高的毛利率較低（以量制價，進貨量大的客戶享有較好的折扣、搭贈貨品等促進銷售優惠措施）、期間進貨數量少的毛利率較高。

　　可是一切分析完畢以後，毛利率在合理範圍（符合通路特性、符合進貨數量條件）、貨款繳款準時、鮮少退貨、活動配合度高的客戶，是否就是屬於正常客戶？或因此合理的不列入準備抽樣查核的樣本清單？回答這個問題之前，請先不用往下閱讀，可以先想想是否還需要考量什麼判斷維度。

案例 13：一間創造出穩定巨額銷售業績的小賣店

　　小布某次依據通路特性分析客戶，發現某客戶毛利率正好吻合合理範圍的下限值。進一步分析，發現這間客戶每檔次進貨數量，正好都在最大搭贈（例如買幾送一）或最大售後折扣（Rebate）的門檻臨界數值。例如購買100個贈1個、500個贈25個、1,000個贈100個、2,000個贈300個，這間客戶就是正好進貨2,000個；進貨達300萬元售後折扣2%、750萬元5%、1,500萬元10%、3,000萬元15%，這間客戶就是正好（精準）進貨3,000萬元。

　　小布心想，這種下貨數量的方式，會不會是客戶為了拿到最大搭贈或最大售後折扣，硬吃進貨數量。如果是硬吃進貨數量，可能會有後續之退貨行為或某段期間進貨量不穩定的情形（為了消化前期進貨，後續會有一段期間縮小進貨數量；例如二個月達到門檻，放掉一個月），可是小布分析以後，發現此客戶每個月份進貨數量穩定、鮮少退貨、付款從不延遲。分析至此，有些查核人員可能合理的作出推論「這是間正常範圍的好客戶」，然後不會再有進一步的查核動作，畢竟查核資源（時間、人力、經費預算等）有限。

　　只是「精準規律變化的數據型態也是一種異常現象」，通常代表具有人為刻意操作；而且若真的有這麼穩定的優良客戶，也值得公司關注、發展長期的客戶關係。基於小布認為「查核人員不應該只是限縮在辦公室，應該多到現場走動觀察」的信念，小布心中盤算是否以調查暨提升通路服務品質的名義直接拜訪客戶，並於拜訪前完成事前準備功課。小布調出客戶相關資料，心中產生一股異樣的感覺，心中OS「這間客戶規模真的有一點小」。加入客戶資本金額、銷售範圍等維度，重新比較分析，發現比這間客戶規模還大的客戶，都很少如此規律、穩定的進貨。

　　小布決定觀察這間客戶的下貨數量是不是從與公司開始交易就是這麼精準，或是從什麼時候開始將下貨數量鎖定最大搭贈及最大售後折扣的門檻數值；經過分析，這間客戶已經與公司交易近6

年，至 13~14 個月前才開始使用這種下貨數量方式。

　　當時正好更換負責這間客戶的業務人員，這位新更換的業務同仁是「信哥」。沒錯！不要懷疑自己的眼睛，你沒有看錯，就是楔子一案例中的「信哥」。就是信哥接手這間客戶以後，這間客戶開始改變下貨數量方式，將其下貨數量鎖定在最大搭贈及最大售後折扣的門檻臨界數值。

　　小布心中笑得非常開懷（第一章所述生物本能的攻打機制啟動），立刻安排以調查暨提升通路服務品質的名義拜訪客戶，可是必須考慮這間客戶下貨數量方式並沒有不合規，這間客戶是依照公司銷售的促銷條件與公司交易，因此不能說是這間客戶有問題；再者，業務人員教導客戶可以爭取到最大折扣的下貨數量方式，也不能說有錯，這也是一種建立客情的方式；最大的關鍵點在於「是否具有遠大於客戶自身正常銷售可以消化的進貨數量？若有，這些貨去哪裡了」？

　　為避免打草驚蛇及信哥與客戶串供之餘，小布拜訪前沒有事前通知。當日抵達客戶公司門口，以電話與客戶聯繫窗口說明來意，並請其向公司確認身分後，小布告知想了解公司物流配送情形及公司產品的存放情形，因此第一站即往客戶倉庫出發。

　　小布與庫務人員詢問物流情形、有無建議事項，及其客戶自身出貨有無困擾事項時，由庫務人員口中得知「信哥在每個月月底自

己來載貨，每月約3~5趟不等」。小布影印信哥近3個月的客戶出貨單後，拜訪會計主管（這間客戶的老闆娘，看起來是老實人）。

> 小布：我開門見山地說了，我觀察你們的規模、經營範圍及你們倉庫出貨狀況等，實在不像是有辦法消化這麼多進貨量，一些多出來的貨，你們是怎麼處理的？
>
> 老闆娘：我們消化不了這麼多進貨量，當初你們信哥讓我們下這麼多數量時，我們也很猶豫。你們信哥說「你們放心按照我說的數量進貨，進貨當月份銷售不完的，我月底來搬走，次月月底依你們的成本價格，現金結算給你們。這是我們公司新的業務政策，只有開放給交易數年的好客戶適用，協助客戶取得最大折扣是我們業務人員的應盡責任，因此我特別幫你們申請此項銷售優惠。你們不要隨便跟去同業講，免得一堆不符合申請資格的同業也來找我申請，我不好交代」。你們信哥說得很有誠意，我們就試試看，你們信哥這一年多來每月月底告知我們下個月份的進貨數量、搬走這個月份消化不完的貨量、成本價格結算上個月份搬走貨量的金額。

　　回到公司後，小布先請公司行銷部門確認了「公司沒有此種業務銷售政策」，尋找信哥請教，信哥義正嚴詞表示「許多小客戶無法以優惠的條件向公司進貨，而喪失價格競爭力，我這樣作只是為了培養潛力客戶、幫助公司產品滲透市場，我是盡我身為業務人員應盡的義務」。

　　信哥素有皇氣護身，小布將信哥的這一番義正嚴詞，禮貌性告知總經理及財務長。總經理及財務長皆臉色難看，叫來信哥，直斥信哥的行為不符公司管理制度，現場決定將信哥調離現在所負責的業務區域。然後總經理及財務長帶著小布一起去找董事長，總經理及財務長向董事長說明了信哥的行為，並補充說明「業務人員讀書不多、草根性重，常常覺得自己做的對的，又怕麻煩跟公司行銷部那些趾高氣昂的人商量。信哥客情關係一直很好，每期都能增量達成業績指標，只要能夠自厲自省，對於公司市場發展一定帶來幫助」。董事長聽完以後，表示「你們的人你們要自己管好，以後再犯就調他去大膽及二膽島開發客情，並讓小布紀錄已將信哥調離原本業務區域作為處置（結案）」。

本節觀念回顧

- 使用一成不變的方法應對問題,很有可能製造更大的問題。只知道高效的方法,而不知道其原理與邏輯,往往不能達成希望的功效。

- 在沒有得到事實之前作出推論是個很可怕的錯誤,人們會不自覺地扭曲事實以符合自己的推論,而不是根據事實來推導出結論。

- 固定規律變化的數據型態也是一種異常現象,通常代表具有人為刻意操作。

- 查核人員不僅限於組織內部查核,應能適時至組織外部及現場確認必要訊息。

- 分析客戶毛利率,除了考量銷售通路差異、客戶期間進貨數量級距等,還可以注意其毛利率的變化趨勢有無改變節點(例如時間點),並應了解改變原因。

- 若有作弊者可以頑韌的存在,此時不要氣餒,耐著性子從中觀察與學習,培養自身更加頑韌的查核能量(小布與信哥後續的故事請見第8.2節)。

3.2 提高格局層次

　　行銷學中一個很知名的「顧客需求」案例，「顧客要的不是6.35mm的鑽頭，而是6.35mm的洞」；問題在於當顧客說「要在房間裡鑽個6.35mm的洞」時，你有沒有一點點「好奇」這個洞是要用來做什麼的？總不可能是為了鑿壁偷光吧！模擬一下這個情境。

　　顧客：我需要一把電鑽。
　　店員：電鑽在左邊走道最後一排。請問一下，您購買電鑽
　　　　　的需求用途是什麼，或許我可以推薦您適合的電鑽
　　　　　品牌，或更適合的工具。
　　顧客：我想在浴室牆壁上鑽個孔，鎖上置物架。
　　店員：請問您的購物架已經購買了嗎？本店有無痕式置物
　　　　　架，耐重10公斤，加上無痕固定貼，可以耐重20公
　　　　　斤；您要不要考慮看看？這樣您就不用損傷您家原
　　　　　有的牆壁。

　　這個行銷故事的寓意是面對問題，不能僅用「局部視角」，必須使用「整體視角」，最終才能服務於真正的需求。

補充說明 6：整體大於局部之和

- 局部視角，係指僅關注較低層次的現象，而未看見較高層次目的之思考方式。局部視角的中心思想是「我才不管後續影響，我只管眼前的事物」！其可怕之地方是爽快的贏得一場戰役，災難式的輸掉整場戰爭。例如某項資訊系統開發採購案，竟有監理人員將「如期結案看得比實質驗收重要」，而不顧該項資訊系統開發未達驗收標準，系統開發廠商提出延遲結案申請、並願意依據合約繳納延遲款，堅持開出使用單位未能依據採購合約如期驗收的缺失。

- 整體視角，係指使用希臘哲學家亞里士多德提出「整體大於局部之和」的觀點進行思考，不斷的詢問自己「眼前看到的現象，會不會只是一個更高層次問題的局部？」就像是細胞組成器官、器官組成人體，層層疊疊建構而出的系統結構。借用顧客購買電鑽這個例子，顧客真實需求是什麼？一把電鑽？牆壁上幾個6.35mm的洞？還是一組方便使用的置物架？

案例 14：銷售通路活動獎金的意義是什麼

　　小布有次查核公司經銷商所交易之終端銷售點（直接賣東西給消費者的店舖或專櫃，例如商場/商圈中的店舖、百貨公司中的專櫃等）的活動獎金，終端銷售點的鋪貨是透過經銷商完成，公司沒有直接往來；獎金是公司先匯款予經銷商，再透過經銷商發放或折抵貨款予終端銷售點，一般查核步驟如下。

- 取得行銷活動之核准簽呈，確認經過核准、了解活動條件。
- 檢視終端銷售店之獎金申請內容、活動執行報告（及業績達成）與活動簽呈所述條件一致。
- 依據活動條件計算獎金申請金額正確。
- 檢視獎金申請金額與終端銷售點之簽收單金額一致。
- 檢視匯款予經銷商之證明。
- 假設上述所有之文件、資料及數字扣合，查核「沒有重大異常發現」，結案。
- 用心的查核人員還會進一步檢視活動執行成果、有無檢討報告等。

　　等等，上述查核步驟有沒有什麼問題？有沒有想過「活動獎

金」的真實目的是什麼？應該不是只有如數發放獎金，「活動獎
金」的目的是藉由發放獎金促使活動成功，「行銷活動」的目的又
是什麼？當然不是只求活動成功、大家開心，「行銷活動」的目的
則是藉著活動成功讓銷售業績可以達成的更好，因此小布的查核步
驟如下。

- 分析活動執行成果及報告原始資料。
- 挑選業績提升幅度相對較小或執行不利之區域。這個動作的
  目的是在於了解不利的原因，例如可能是本次行銷活動不適
  合該區域，應收集該區域回饋訊息，作為下次活動設計參
  考；若適合，可能是活動內容的資訊傳達不利，資訊傳達應
  予檢討，務使日後資訊傳達無疑；若資訊傳達無疑，可能是
  活動執行的方式不好，執行方式應予檢討，減少日後執行結
  果落差；如果不是前面3項原因，很不幸的，有沒有一種可能
  是活動獎金被中間經手人放入自己口袋？！
- 拜訪暨詢問該區域終端銷售店的銷售及活動狀況，其目的如
  上所述「了解活動設計有無建議、資訊傳達有無建議、執行
  方式有無建議，最後詢問經銷商代為發放的獎金數額及速度
  等有無建議」，並將回饋意見帶回公司。
- 重新檢視該區活動執行報告與拜訪之所見、所聞狀況之一

致，以確認相關文件有無灌水或內容造假。

- 檢視獎金申請金額與終端銷售點之簽收單金額一致。
- 公司匯款予經銷商證明。

小布花了三週拜訪近200間終端銷售點，關於活動獎金的查核發現是「雖然獎金申請金額與終端銷售點之簽收單金額一致，可是終端銷售點現場對小布表示他們所收到的獎金金額，竟然與公司業務人員收取、繳回公司之簽收單金額不一致」。經過小布進一步與終端銷售點取證及與該區域經銷商訪談，確定是公司經銷通路業務人員舞弊，情況如下。

- 經與終端銷售店核對獎金數字，該區域業務人員最初向終端銷售店佈達活動獎金數額時，將獎金數額低報。
- 經銷商現場承認「該業務人員尋找經銷商，共同偽造終端銷售店之獎金簽收單，將偽造之獎金簽收單繳回公司，讓會計部門沖銷帳款（因此所有獎金單據完整、金額扣合）」，經銷商並將私刻之各間終端銷售點印章交付小布作為證據。當時小布心中OS「不愧是經營老練的經銷商，竟然將全部事情都推給業務人員，講得自己好像一點責任也沒有。不過這樣也好，案子好結，處置一名業務人員總比處置一間經銷商的

後座力小，而且已經可以達到警惕眾人的效果」。

- 如果採用一般查核步驟，只是做資料與文件核對，因為簽收單已被偽造，本次舞弊將無法發現。小布使用「整體視角」辨別活動獎金的主要目的，挑選業績提升不利之區域作為訪查對象，因此帶回活動之設計、溝通、執行等建議作為下次改善事項，亦因此查獲這樁侵占公司財產的舞弊事件。

後記，本案矯正措施及預防措施如下。

- 該名業務人員侵占之活動獎金512萬元返還公司，離職處分。
- 經銷商因為配合提供證詞（及錄音）及提供事證，列為觀察名單（畢竟可替代的經銷商不好開發），再犯即予更換。
- 此次「該區域業務人員向終端銷售點佈達活動獎金時，將活動獎金數額低報」，創造出終端銷售點對於獎金數額「資訊不對稱」的舞弊空間。日後於發放時，公司將以mail及簡訊主動通知終端銷售點此次獎金發放數額，以避免此類型「資訊不對稱」的產生。

清代學者陳澹然《寤言二遷都建藩議》說，不謀萬世者，不足謀一時；不謀全局者，不足謀一域。這句話正好呼應了希臘哲學家

亞里士多德「整體大於局部之和」的觀點，面對問題、執行任務皆須使用「整體視角」，避免贏得局部戰役、輸了整個戰場。

本節觀念回顧

- 查核層次提高，查核效用就會提高。
  1. 不能從全局角度考慮問題，即使治理好一個區域也是微不足道。
  2. 不能制定長治久安的政策，一時的伶俐作為也是微不足道。
- 如何提高查核層次？習慣「整體視角」，避免「局部視角」。
  1. 局部視角是「不管後續影響，只注重眼前事物」。
  2. 整體視角的養成，可以練習詢問自己「眼前看到的現象，會不會只是一個更高層次問題的局部？」
- 查核人員應能適時帶回組織外部訊息作為組織行為改善的參考。
- 「活動獎金」的目的是藉由發放獎金促使活動成功，「行銷活動」的目的則是藉著活動成功讓銷售業績可以達成的更好。
- 「資訊不對稱」是舞弊的必要條件，應予消除。

3.3 在取捨中前進

　　亞馬遜公司創始人傑夫·貝佐斯（Jeff　Bezos）是位禿頭，他在2019年登上全球富豪榜榜首，2020年9月2日他的個人財富來到目前歷史最高值，2,123億美元。網路上有則說法「當世界首富是位禿頭的時候，這就意味著脫髮是屬於無藥可醫的事情；所以我們不要把金錢浪費在生髮這件事情，如果世界上真的有花錢買得到的生髮解決方案，貝佐斯早就已經解決了」。

　　這則網路說法提供了一個處世的角度，首先我們要承認不是所有的問題都能解決，再者如果強行解決問題，則很有可能帶來更大的問題（或新的問題）。我們可以嘗試從解決問題的能力整理一張與問題共存的清單，基本上清單中的項目在短期間內沒有辦法解決，但這不是用來寬慰自己的無能為力，而是讓自己過得更好的方式；不論這張清單是否多得超乎想像，都可使用「時機」這個維度劃分，哪些項目可以暫時局部緩解、哪些項目發展到什麼情況（例如天時、地利、人和等對於自己有利）可以徹底解決（或解決大部分）、哪些項目很可能長期無法解決（勇敢的擱置吧）。

案例 15：僅某廠商零件，才能通過某大客戶驗收

　　某年小布分析某區子公司採購清單，發現金屬機殼供應商原本是甲乙等2間廠商，約3年前開發新供應商丙，接下來一年內子公司金屬機殼開始集中向丙廠商採購，最後100%向丙廠商採購；可是小布觀察向丙廠商採購的金屬機殼價格，高出甲乙廠商55%~60%不等。為避免是自己不懂正常行情，鬧出笑話、誤會子公司的採購，小布特別請本公司採購人員幫忙詢價及提供市場參考價格，結果參考本公司採購人員回覆的價格，丙廠商提供之金屬機殼價格真的高出行情約60%。

　　當時該子公司的採購主管兼任品保主管（採購兼驗收），小布非常好奇「丙廠商有何獨到之處，又沒有價格優勢，為什麼放棄其它供應商，只跟丙廠商購買」。

　　小布：丙廠商價格高出甲乙等2間廠商55%~60%，為什麼
　　　　　棄甲乙廠商不用，獨家向丙廠商採購。
　　採購主管：公司最大的T客戶占公司銷售額將近50%，很奇
　　　　　　怪只要不是使用丙廠商的金屬機殼，T客戶的品質
　　　　　　驗收就不會通過。
　　小布：你們有沒有研究過丙廠商的金屬機殼，跟甲乙廠商

有什麼差異？規格、顏色是否都與之前一致？還是丙廠商特別有名，T客戶認丙廠商的LOGO？

採購主管：依照我們自己的檢驗，規格、顏色等造型特徵全無二致。且我們是自有品牌產品，丙廠商不能在機殼印製自己的LOGO或其它標記。

小布：那T客戶怎麼知道不是使用丙廠商的金屬機殼？還是T客戶有請你們提供向丙廠商採購的單據作為驗證？

採購主管：T客戶沒有請我們提供向丙廠商採購機格的單據。我們真的不知道T客戶是怎麼分辨出來的，我們自己都沒法分辨，可是只要不是使用丙廠商的金屬機殼，T客戶的品質驗收就不會通過。

小布：丙廠商當時是怎麼找來的？

採購主管：丙廠商是木總（該子公司總經理）介紹的供應商，採購條件也是木總自己去談的。

小布尋找木總請教，寒暄幾句之後進入正題。

小布：丙廠商金屬機殼價格約高出市場行情55~60%，是不是有什麼獨到之處，現在僅獨家向丙廠商採購？

> 木總：公司最大的T客戶占公司銷售額約50%，可是只要不
> 　　　是使用丙廠商的金屬機殼，T客戶的品質驗收就不
> 　　　會通過，只好集中向丙廠商採購。
>
> 小布：丙廠商當時是怎麼找來的？
>
> 木總：最初是採購主管開發的，然後我與採購主管一起訪
> 　　　廠、協商採購條件。

　　訪談至此，木總及採購主管對於丙廠商來歷及採購條件協商者，已經具有說法上的分歧；為了驗證二人說法何者為真，小布調出3年前公出費用報支紀錄，當時的確是木總及採購主管一起拜訪丙廠商。不過這不能證明採購主管一定具有問題，也有可能是木總利用職級優勢指示與丙廠商合作，因此採購主管乾脆推說是木總介紹與協商採購條件。

　　整理一下現在的狀況，丙廠商金屬機殼價格高出行情55~60%，可是採購流程完全符合公司規定及核決權限；而且只要不是使用丙廠商的金屬機殼，占銷售額50%的T客戶之品質驗收就無法通過。一般查核人員遇到這種現狀，可能有兩種結案方式；一是紀錄價格高於行情的現象，可是因為符合公司採購流程，且具有特定的商業考量，因此推論出「可以合理說明，沒有明顯違反內部控制制度」的查核結論；二是於查核報告中寫明價格高於行情，雖然符

圖 3.3節 ［案例15］僅某廠商的零件，才能通過某大客戶的驗收

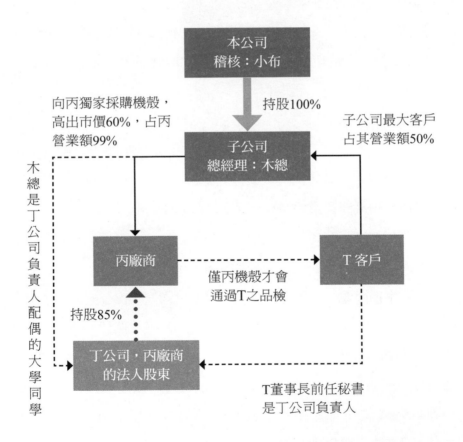

合公司採購流程規定，為了降低採購成本，建請評估是否開發其他
供應商。

　　可是小布不願意這樣不明不白的結案，本案中間一定具有什麼
特定關係，小布拜託本公司「客戶徵信部門」幫忙委託某知名徵信
公司，徵信丙廠商的背景資料。收到徵信報告以後，小布心中簡直
樂翻了（第一章所述生物本能的攻打機制啟動），心想「怎麼會是
這種數字！怎麼會是這種關係！」

- 根據丙廠商上一年度納稅資料，丙廠商營業額7,992萬元，該
  子公司向丙廠商採購金屬機殼金額7,913萬元。意即該子公司
  占了丙廠商營業額99%，近乎是丙廠商的唯一客戶。
- 丁公司是丙廠商的法人股東（持股85%），丁公司負責人是T
  客戶現任董事長的前任秘書，另一位董事（負責人的配偶）
  跟木總就讀同一所大學、同一科系、同一年度畢業。

　　小布綜合彙整查核發現，分別向本公司之董事長與總經理溝
通，二位長官皆表示「此關係結構看起來運作穩固，T客戶訂單僅
毛利4~5%（該子公司正常毛利20%）、但T客戶占該子公司營業額
50%，可撐起生產規模」。小布了解2位長官的意思，這個議題不能
硬碰，小布以「時機」這個維度作出查核建議。

- T客戶占該子公司營業額50%，為能通過T公司品檢驗收，50%的金屬機殼向丙公司購買，其他客戶的50%建議向其他廠商採購，以縮小採購損失金額。
- T客戶月 90天收款、丙廠商月 25天付款，將此收、付款天數調整一致。
- 為能達成採購與驗收相互牽制之功能性職能控制，建議評估本公司另派人員擔任該子公司的採購與品保主管，董事長與總經理採納小布職能分工的建議。正好另一子公司採購主管出缺，董事長與總經理現場決定將該子公司的採購主管調往擔任。
- 丙廠商的問題暫時擱置，下一年度正逢T客戶之董事長改選，若董事長換人，伺機拜訪新任董事長，再行探探口風，有無機會更換丙廠商。
- 後續，董事長與總經理後來指示木總開發新的業務來源，在二年內讓T客戶從占子公司銷售額50%降低至30%。

案例 16：依規與資金斷鏈，困難的選擇

另舉一例「取捨中前進」的例子，小布某年查核公司軟體授權，發現公司軟體授權數量不足，若補足需要約1億元（尚未考量

折扣）費用。當時公司經營階層誠懇告知目前公司營運資金告罄，每日具有資金斷鏈風險。小布心中盤算「這條當然是缺失，可以寫入查核發現，送由董事會決議是否補齊授權數量。可是如果董事會決議補齊，公司根本沒有資金支付；如果董事會決議不需補齊，就等於將決議違法的情事作成正式紀錄，礙於壓力，董事會成員是否敢作這項決議！」因此小布與經營階層商量「持續追蹤，俟有資金餘額時盡量補齊授權」；幸運的是，半年後股東決議增資，經營階層趁此機會立即補齊軟體授權數量。

《孫子兵法》有云「備前則後寡，備後則前寡，備左則右寡，備右則左寡，無所不備，則無所不寡」。因此《孫子兵法》所述「以實擊虛」，意思不是「敵人是虛、我們是實」，而是敵人有虛實、我們也有虛實；實是用虛交換來的，我們要選擇在哪些地方做實，就要選擇那些地方可以虛，把虛的地方擱置。執行查核任務及改善事項也是一樣的道理，首先不是選擇我們要將什麼情況完全控制，而是我們要依據當時的組織情況評估什麼不宜控制，虛實就是「在取捨中前進」的智慧。

本節觀念回顧

- 執行查核任務及改善事項，絕對不是選擇全面控制，需依據

現況評估什麼暫時不宜控制。

1. 嘗試從解決問題能力整理一張與問題共存的清單，使用「時機」這個維度劃分，哪些可以暫時局部緩解、哪些發展到什麼情況可以解決絕大部分、哪些必須忍痛擱置。

2. 對於運作結構已經平衡的異常現象，建議使用引導方式讓組織做出理性的思考與選擇，採用強制手段時很有可能帶來更嚴重的影響。

• 對銷售客戶進行徵信，也可以對供應商進行徵信。

• 客戶的收款帳期應盡量短於（或等於）供應商的付款帳期。

第四章

推演後續影響

....

　　一則笑話型的人生建議「如果有位長得漂亮，對你又主動的女孩子，請你遠離她；你以為她是要騙你的錢？不，她是要騙你的感情，因為她知道你對她一旦有了感情，錢就不會是問題了；高端玩家從來都不直奔主題，因為他們懂得曲線救國」。

　　「曲線救國」一詞產生於二次世界大戰期間，意思是採取直接的手段不能夠解決，比如正面抗擊敵軍的實力不足，那就採取間接的方式。發揮效果的速度可能慢一些，發動軍隊及其他各界人士的力量，從側面迂迴牽制與干擾，一點一點的爭取和保衛勝利果實，有時候可能還要放下一部分已經得到手的東西，但是抗擊的大方向不會改變。

　　曲線救國屬於中性詞彙，直線救不了，曲線去救，只要達到救亡圖存之目的，方法或策略不是主要問題。要注意的是，為了曲線救國所付諸的實際行動，將構成評判、褒貶一個人的標準，例如楔子二「圍魏救趙」的故事。

　　查核人員之查核發現及建議，有時不被經營階層或作業單位買單，為什麼不被買單？因為講不出影響性或影響性很小，此時查核

人員可以「推演後續影響」曲線救國，使用其它相關的影響性回頭支援本次查核發現及建議的觀點。

　　如何「推演後續影響」，本節中提供三個方法供讀者參考，分別是「注意滯後效應、跳脫單一焦點、交叉複現狀況」。

4.1 注意滯後效應

　　根據遺傳學的結論，男生的智商百分之百遺傳媽媽、跟爸爸的智商一點關係都沒有，聽說有些企業家得知這項研究結果的第一反應是說「完了」！不知道這聲「完了」！是不是指年輕時找老婆，只看長相漂亮，不知道智商遺傳問題；後續傳宗接代時，生的兒子智商不夠用，影響接班大計！

　　這個故事的結果是一種典型的「滯後效應（Lagged effect）」，有些原因可能不易直觀的連接結果、有些結果可能不在短時間之內出現，且一個原因可能具有多種結果。執行查核任務時，除了面對眼前問題，可以「注意滯後效應」，減緩未仔細推敲的負面影響（副作用）。作者的查核經驗中，如果具有「管理多元悖論，跟價值鏈中的成員爭利」等兩種特徵，特別容易發現負面影響的滯後效應，此時建議調整現行的作業管理方式。

實務探討 13：滯後效應之「管理多元悖論」

　　多元悖論意指沒有一個人可以佔盡天下所有好處，同樣的，沒有任何管理要求能夠完善所有組織問題。世界上最著名的管理多元悖論之一是有「歐元之父」稱號的經濟學人蒙代爾（Robert Alexander Mundell）提出的「蒙代爾不可能三角（又稱蒙代爾困境）」，內容是說「一個國家不可能同時實現資本流動自由、獨立貨幣政策和匯率穩定性，最多只能擁有其中兩項，不可能同時擁有這三項。一個國家如果允許資本流動自由，又要求獨立貨幣政策，那麼就難以保持匯率穩定性；如果是要求獨立貨幣政策和匯率穩定性，那就必須放棄資本流動自由；如果要求匯率穩定性和資本流動自由，就不能實現獨立貨幣政策。

　　再舉一例，生活中會遇到的「理財工具不可能三角」，安全、收益和流動等三者，最多只能擁有其中兩項；如果有商品宣稱同時擁有三項，內容不實的可能性極高。例如銀行存款安全性及流動性很高，但收益率較低；股票收益率及流動性可能不錯，但風險也高（不安全）；具藝術史地位之知名藝術品，具增值空間（收益率）及保值性（安全），可是變現時比較麻煩（流動性較低）。

實務探討 14：滯後效應之「跟價值鏈中的成員爭利」

　　如果跟價值鏈中的成員爭利，他們就會花費心神跟組織計較利益。有則網文，現代出租車司機可能要和各種派車平台的演算法爭利，要怎麼爭？如果被平台演算法發現某位司機只使用一個平台，代表這位司機派什麼單就接什麼單，那演算法就會分派不賺錢的小單。聰明的出租車司機懂得在幾個平台間挑選使用，演算法很可能就會判斷這是一位快要閃人的司機，接著就會分派好單，演算法越用這種計算方式，出租車司機就越會這麼挑選使用。站在平台演算法角度，給快要閃人的價值鏈成員一點甜頭，好像沒有不對，可是演算法沒有能力意識到這其實是在欺負穩定的價值鏈成員。若跟價值鏈中的成員爭利，其實就是對於其中忠實者的不公平。

案例 17：庫存管理不可能三角

　　庫存管理也有著不可能三角，尤其是一間產品少量多樣化的公司，不可能同時實現零庫存（或庫存極低）、生產用料供給穩定、採購價格便宜，最多只能擁有其中兩項，不可能同時擁有三項。

　　小布在一間產品少量多樣化的公司，當時設定「零庫存、如時交付訂單（達成要件之一是生產用料穩定供給）」等兩項績效指

標，小布心想「完了，採購成本堪憂」！小布鎖定此項議題持續追蹤，公司資材單位忠實的執行零庫存KPI、生產用料穩定供給等兩項政策，由於失去「冗餘庫存」作為生產應急之用，資材單位果然叫起來以2~17倍市價搶購生產用料現貨；小布決定發出臨時查核報告給董事長，董事長立刻指示「調整現行的庫存管理政策，價值貢獻較低客戶的訂單可以適當延遲」。

案例 18：為什麼業務人員季底都不出門拜訪客戶

　　小布在一間以經銷通路為主的公司，為了避免通路庫存積壓（有時經銷商為了爭取最高進貨折扣，故意吃下難以正常消化的進貨量），最後導致大量退貨，公司另外設計出貨獎金，每季結算予經銷商。為了通路庫存數量健康與加速去化，公司業務人員還會至終端銷售點（指直接銷售給消費者的店舖、專櫃、地方超市等）幫忙引貨。例如在店面、超市等時常可以看到某些品牌之業務人員整理貨架、抄寫數量、建議店家採購人員叫貨數量等，這就是引貨行為的過程。因此經銷商出貨量來源有二，一是經銷商主動下貨（鋪貨），一是公司業務人員幫忙叫貨（引貨），如圖。

　　某日小布接到執行長詢問「為什麼每季季底前之2~3週，業務人員都待在辦公室，不出門去拜訪經銷商、也不跑市場？」經過小

圖 4.1節〔案例18〕經銷通路業務人員引貨

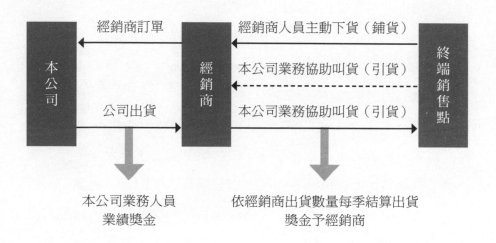

布同業務人員一起作息與觀察，發現公司為了防範經銷商訛詐出貨獎金（在出貨數量灌水），除了原有之公司庫務及會計人員定期至經銷商倉庫抽盤，出貨獎金計算基礎僅用公司業務人員每日引單數量，可是這種做法具有以下問題。

- 第一，獎金名目是經銷商出貨獎金，應該以經銷商全部出貨量作為計算基礎，若僅採用公司業務人員引單作為計算基礎，將與獎金「名目不符」。

- 第二，經銷商才是負責鋪貨至終端銷售點的要角，設計出貨獎金之目的是促進通路庫存健康，防範舞弊屬於另外一類事情，二者不宜混為一談；更不能因此「弱化經銷商主動鋪貨的激勵因子」，以避免日後經銷商節省自身人事成本，只依靠公司業務人員至終端銷售點引貨。

- 第三，業務人員的業績獎金是根據公司予經銷商之出貨計算，經銷商庫存去化越快，向公司訂貨需求越大，業務人員業績獎金才會越多。如果這項因果關係被削弱（殆盡），例如經銷商失去主動鋪貨至終端銷售點的激勵因子，則經銷商庫存去化速度變慢，向公司訂貨需求變小，業務人員的業績獎金就會跟著變少。公司業務人員每季季底時為可以幫經銷商爭取最大出貨獎金（維護客情及自己利益相關的業績獎金），只能進入業務系統「調帳作弊」（且這個調帳行為非常耗時）；業務人員每季底跟經銷商索取出貨單，確定經銷商鋪貨，經銷商鋪貨＝經銷商出貨—自己引貨，然後將經銷商鋪貨假裝成是自己引貨，將數量依日期及終端銷售點回溯建入業務系統。

　　小布出具報告以後，執行長採納建議，管控方式維持公司庫務及會計人員定期至經銷商倉庫抽盤，惟將出貨獎金計算基礎修正為

依據經銷商出貨數量計算，公司120餘位業務同仁每人每季因此節省100多小時。

　　一個管理措施的實施，從開始到結束的過程往往有著不確定性，經過時間累積才能看到全部效果（正面及負面），這個時間累積的跨度就是所謂的「滯後」。如同前英國首相邱吉爾爵士所述「這不是結束，結束甚至還沒有開始，現在可能僅是序幕的結束（Now this is not the end. It is not even the beginning of the end. But it is, perhaps, the end of the beginning. - Sir Winston Leonard Spencer Churchill.）」！

本節觀念回顧

- 養成「注意滯後效應」及適時調整，才能減少突如其來的負面影響，組織也才走得長遠。

  1. 滯後效應是副作用的來源之一，當運行方式具有先天限制或不足，若不予調整，其負面結果出現，只是早晚問題。例如服用某款感冒藥後想睡覺，想睡覺是一種副作用，此時可調整所服用的感冒藥。

  2. 多元悖論，沒有一個人可以佔盡天下所有的好處；同樣的，沒有任何管理要求能夠完善所有組織問題。

3. 若跟價值鏈中的成員爭利，他們就會花費心神跟組織計較利益。

- 庫存管理不可能三角，很難同時實現零庫存（或庫存極低）、生產用料供給穩定、採購價格便宜，最多只能擁有其中兩項，不可能同時擁有三項。

1. 要求零庫存、生產用料供給穩定，採購價格可能大幅提升。

2. 要求生產用料供給穩定、採購價格便宜，庫存金額可能大幅提升。

3. 要求採購價格便宜、零庫存，生產用料可能無法穩定供給。

4.2 跳脫單一焦點

　　有則速食業的報導「漢堡王與麥當勞攜手合作？！停止販售華堡一天，請至麥當勞買大麥克！」某天漢堡王宣佈，他們的招牌漢堡「華堡」今天不販賣，因為要支持競爭對手麥當勞「大麥克」的銷量；為什麼支持競爭對手麥當勞？因為那天麥當勞大麥克的銷售金額要捐款給癌症兒童。

　　有些人疑問「漢堡王為什麼不跟著捐款給癌症兒童？」這點完全看怎麼定義競爭，如果定義為市場份額，「那就是你多賣一個，我就少賣一個」。可是競爭是否只能有市場份額這一種定義？如果定義為搶奪消費者（用戶）心智，就需要有跳脫市場份額「你多賣一個，我就會少賣一個」的單一焦點。例如在報導中麥當勞展現關

懷癌症兒童的善舉，而漢堡王同樣展現善舉，並且更高一籌的展現大器；這一次的競爭，漢堡王不僅強行搭上麥當勞的活動宣傳，還喧賓奪主的搶奪了消費者的認同。

另外「跳脫單一焦點」才有心力注意併發症，併發症是指一種疾病的發展過程引起另一種疾病或症狀發生，後者為前者的併發症，前後疾病間不具有必然的因果關係。例如糖尿病容易提高心血管、腎臟、視網膜等病變的風險，這些併發症比起糖尿病本身還要危害健康。為能避免併發症產生，需要配套措施輔助，例如知道自己罹患糖尿病的時候，必須定期進行動脈硬化、周邊血管疾病、血液、尿液、視力及眼底等篩檢，預防心血管疾病（及心肌梗塞）、腎臟病、視網膜剝離（及失明）等併發症。

許多查核人員與作業單位溝通查核發現（或缺失）時，如同進行一場競爭博弈，不管作業單位是不是嘴硬、真的不在乎、覺得影響低微、更改舊有作業方式很麻煩等，只要溝通不如意（對方不認同此項觀點），宛若被人揍了好幾十回，非要把帳找回來。曾經聽聞某些查核人員遇到溝通不順，逕搬著椅子坐到作業單位之辦公室或負責同仁旁邊，鍥而不捨、滔滔不絕說上好幾天，直到對方（可能因為受不了）同意為止。

理論上，將諸多影響性一併陳述，其綜合說服力比較容易搶占對方心智；因此溝通查核發現時，應盡量減少一個現象、一個觀點

的攻防。理想狀況可從「第一性原理、底層邏輯」等思考方式，進行降維打擊（溝通）；或以「整體視角」升級問題，促使相關單位（或友軍）認同與支持；只要能達到作業改善目的，其它相關的方法都可以評估使用。

案例 19：資深員工福利「夜班先排資淺員工」

　　小布某次查核生產作業時，發現夜班都是年資較淺的員工，詢問原因，原來是這間工廠素來將「資淺員工優先排班夜班」當作資深員工的福利。小布心中OS「這不就是老鳥欺負菜鳥的概念！」可是這個查核發現的影響性怎麼陳述？「老員工欺負新員工？製造新舊員工對立的不良氛圍？妨礙公司人人平等的企業文化？」這樣的影響性陳述實在太弱，工廠廠長及製造部等主管只需要說「本廠自開廠以來就是這種排班方法，從未因此產生糾紛，你們查核人員應該學會尊重別人的作業模式」；然後查核發現就被退回了，查核人員還會被奚落不懂現場、螳臂擋車。

- 小布思考「工廠安排夜班人員的原因是什麼？當然不可能是為了讓員工夜遊，應該是為了能夠交付訂單；對於交付訂單會有什麼要求？客戶至少要求如期、如質、如量；那早班、

午班與夜班在如期、如質、如量等方面,有無明顯差異或可比較性?」

- 小布分析夜班人員當年度的生產情形,使用錯誤原料生產9次(損失255萬元,早班午班合計0次)、更換模具換錯7次(損失241萬元,早班午班合計0次)、完工品報廢量比早班、午班高出5.6%(423萬元)。

　　基於「資淺員工優先排班夜班」這個根因,產生「排班不平等」與「壞品損失明顯較高」這兩個結果,小布決定不以「資淺員工優先排班夜班」出具查核發現,而是將壞品損失情況一併整理陳述,詢問工廠廠長及製造部等主管「夜班壞品損失明顯比早班、午班高」的查核發現有無錯誤不實之處?若無,誠請檢討根因及改善情況。

　　這種引導當責人員自己說出根因暨改善的詢問方式,讓廠長及製造部等主管提出「平衡排班」的做法。為了建立工廠對於查核人員的信任,相信查核人員是以作業改善為主要目的,小布提交董事會簡報內容會是「工廠為致力公司人人平等的企業文化,打破過去資淺員工優先排班夜班的傳統,對整體報廢率做出具體改善貢獻」。

案例 20：遲繳海關進口貨物稅的影響

　　小布某次查核採購作業，發現一年內遲繳海關進口貨物稅87次，繳交滯納金共計35,688元。小布心中OS「太扯，一年可以遲繳87次」可是這個查核發現的影響性怎麼陳述？「一年內讓公司繳交滯納金共計35,688元？」以公司財務長瑣哥硬坳的性格與過去溝通經驗，一定說「35,688元是有多少錢？財務部人力精簡，你要我延遲帳務、還是延遲繳交進口貨物稅？將來延遲帳務的責任是不是你們查核人員來扛？」然後查核發現就被退回了，查核人員還會被奚落不懂安排做事優先順序。

- 小布思考，繳交海關進口貨物稅，除了是企業繳稅的義務，也是完成貨物順利通關的一項作業。可是查詢以後，公司遲繳進口貨物稅，進口貨物卻沒有跟著一起被延遲，為什麼？原來公司目前具有優質企業的身份，海關對於優質企業給予相對優惠的禮遇，例如進口貨物抽中查驗者得適用「進出口貨物查驗準則」簡易查驗規定，出口貨物抽中查驗者得改為免驗，公司維持優質企業身分可以有效提升進（縮短生產用料前置準備天數）、出口（節省交付貨品檢驗天數）速度。所以遲繳關稅而被降等的影響，比繳交滯納金（依欠繳稅額

按日加徵萬分之五）嚴重的多。

- 應驗「工作場所有神靈」這句話，小布詢問與海關聯絡同仁優質企業相關事宜，同仁回覆「日前已接到關稅局電話通知，請本公司注意被取消優質企業資格的風險，只是瑣哥似乎沒有放在心上」。

　　小布將此訊息帶給供應鏈副總，在供應鏈副總向總經理報告此一訊息後，瑣哥立即派人清理公司尚有多少未繳關稅，日後改成「預支繳納，線上查詢維持預繳金額」方式處理海關進口貨物稅事宜。

註：關稅法（107年05月09日）

- 第43條
  （1）關稅之繳納，自稅款繳納證送達之翌日起十四日內為之。
  （2）依本法所處罰鍰及追繳貨價之繳納，應自處分確定，收到海關通知之翌日起十四日內為之。
  （3）處理貨物變賣或銷毀貨物應繳之費用，應自通知書送達之翌日起十四日內繳納。

- 第74條

（1）不依第四十三條規定期限納稅者，自繳稅期限屆滿之翌日起，照欠繳稅額按日加徵滯納金萬分之五。

（2）前項滯納金加徵滿三十日仍不納稅者，準用前條第二項規定處理。

註：優良廠商進出口貨物通關辦法（102年12月16日）

- 第6條，符合下列條件之納稅義務人或貨物輸出人，得申請為一般優質企業：

（1）取得經濟部國際貿易局授予之出進口績優廠商證明標章；或成立三年以上，最近三年平均每年進、出口實績總額達七百萬美元以上。

（2）無積欠已確定之稅費及罰鍰；經處分未確定之稅費或罰鍰已提供相當擔保。但處分機關不接受擔保者，不在此限。

（3）進、出口作業流程及財務資料均建置於資訊系統，並留存可供事後查證之稽核紀錄。

（4）已辦理與海關連線申報；或其委託之報關業者已與海關連線申報。

- 第9條，海關對於一般優質企業之進、出口貨物，得採取下列優惠措施：

  （1）較低之抽驗比率；進口貨物抽中查驗者，得適用「進出口貨物查驗準則」簡易查驗之規定；出口貨物抽中查驗者，得改為免驗。但最近三年有重大違章紀錄者，不適用之。

  （2）進口貨物經提供稅費擔保後先予放行者，得按月彙總繳納稅費。但依關稅法第十八條規定繳納保證金先行驗放案件，不適用之。

  （3）符合第三條所定條件者，得申請核准以自行具結替代稅費擔保。

  （4）國貨復運進口報單通關，得書面申請具結先予放行，事後核銷原出口報單。

本節觀念回顧

- 高端玩家從來都不直奔主題，因為他們懂得曲線救國。
- 溝通查核發現，應盡量減少一個現象、一個觀點的攻防。如果只論一點，不提其餘，其論點可能薄弱。

1. 將諸多影響性一併陳述，其綜合說服力比較容易搶占對方心智（買單）。

2. 從「第一性原理、底層邏輯」等思考方式，降維打擊（溝通）。

3. 或用「整體視角」升級問題，促使相關單位（或友軍）支持。

• 併發症與副作用是不一樣的負面影響來源，有時比原本症狀的影響還要巨大。一個原因可能引起多種併發症，為能避免併發症的產生，需要配套措施輔助。

1. 以1.2節的拆機品案例為例，使用拆機品作為零部件，除了品質穩定性可能跟使用新品具有差異，還需要加強「採購品檢驗收、物料實體存取、毛利真實反應、銷售遵循管理、客訴處理方式等」內部控制機制，以避免買貴、錯料、利潤虛假、法律糾紛、客戶爭議等併發症的產生。

2. 本節案例為例，「資淺員工優先排班夜班」的直接影響是違反人人平等的公司文化，由於資淺員工的訓練不夠扎實（以彌補與資深員工的經驗差距），併發症是夜班壞品損失明顯比早班、午班高。

3. 本節案例為例，「遲繳海關進口貨物稅」的直接影響

是繳交低額的滯納金，併發症是失去優質企業身分（因
而喪失海關優惠禮遇），因此採用預支繳納作為輔助措
施，避免此種併發症的出現。

4.3 交叉複現狀況

　　在2G的傳統型手機年代，小布在一間傳統產業的小公司任職，公司業務主管對於業務人員當下是否依據拜訪計畫拜訪客戶的驗證方式，「撥打業務人員手機，詢問當下在哪一個路段或地點，如果已在客戶處，則請業務人員幫忙轉傳手機，短暫跟客戶的老闆或某位作業主管寒暄兩句；並告知業務人員拜訪客戶完畢後，前去客戶附近的那一間便利商店購買條口香糖，將發票拿回公司報帳。如果尚未到達客戶處，則告知業務人員前去附近路段的那一間便利商店購買條口香糖，將發票拿回公司報帳」。

　　小布現在回想起來，覺得真神！在這麼古老年代，這間傳統產業小公司就知道採用「線上數位確認、線下憑據核實」，這種線上與線下融合的方式，實現交叉複現，進行管理。「交叉複現」是從多個維度的資訊，逐步分析、驗證、最後得到推論，這個推論可以近似實際狀況。概念上類似交叉驗證，差異是再加上後續時間維度，對於尚未發生完畢的行為作出判斷及節制。例如上述故事，因為指定轉傳手機寒暄的人員，業務人員不敢隨意找人應對；有便利商店購買口香糖的發票，可供地點及時序等確認，業務人員不敢隨意閒逛摸魚。

案例 21：從未調整過的生產標準工時與加班需求

　　小布某次在某間工廠查核生產作業，發現每張工單使用之「實際人工時間」皆相較「標準工時推估之理論時間」少20%~30%。

　　一般查核人員比較不會注意「實際人工時間」較「標準工時推估之理論時間（之後簡稱理論時間）」少，因為「理論時間-實際工時>0」的部分是「有利生產時間差異」，代表生產效率較好。

　　可是對於有利差異，小布會特別注意單筆（或少數幾筆）具有一定幅度的有利差異或整體性的穩定有利差異。了解原因，是否衡量基準過寬？或過程中發生什麼改變，以致衡量基準過寬？此等改變必須視其性質判斷好壞，例如製程與製具改善、達到經濟規模、發揮學習曲線效果等是屬於好的改變，應予鼓勵、評估調整衡量基準；例如員工擅自偷工減料、減少某些必要工序、變更作業流程等是屬於不好的改變，應予制止、維持原有衡量基準。

　　小布決定拜訪製造部主管，詢問製造作業事宜。前往製造部辦公室經過產線的途中，小布看到產線員工有的低聲聊天、有的閉目養神，竟然還有人就地擺出玉女穿梭、掩手肱捶、轉身擺蓮等太極拳姿勢。小布感覺非常違和，心想「素來聽聞這間工廠產線滿載，許多急單，怎麼產線人員不但看起來一點都不急，反而看起來如此餘裕，甚至讓人感覺有點悠閒、慵懶」。轉眼遇到製造部主管，詢

問「製造過程是否曾經有所改變，或是具有規模效應、材料變得更好加工等因素，因此提升生產效率？」製造部主管表示「製造過程自始沒有變更，且小單居多，很難從規模上節省時間，材料也無變化」。

　　小布心中納悶，依據製造部主管說法，如此穩定的有利生產時間差異從哪裡出來的？小布決定進入系統內頁，觀察標準工時參數設定紀錄，看看是否能從最近幾次設定，著手詢問是否發生過什麼變化。出乎小布意料的事，工時參數居然沒有調整紀錄，意即各品項或各工序參數從第一次設定至今，就沒有再次設定或調整過。工時參數設定沒有變化，代表工藝、製程等皆沒有改變的情形，對於一間運作多年的工廠，屬於非常不正常的現象。

　　另外，小布再次檢視生產排程，觀察工廠確實許多急單。而且根據人工工時記錄，判斷加班頻繁；調閱加班申請紀錄，加班時數是正常班時的25%~35%。小布心想，目前因為還不知道的原因，讓工時參數從初始設定至今沒有再次調整，也可能因此造成不需要的加班；這樣也就可以解釋「為什麼具有頻繁加班需求，可是產線工人看起來十分餘裕，甚至讓人感覺有點悠閒、慵懶」的感覺。

　　小布決定訪談花博士，花博士是研發部門兼製程部門主管，標準工時設定屬於製程部門的工作職責。

補充說明 7：標準工時

　　在標準的工作環境，進行一道工序或一張工單需要使用的理論時間，概分為人工時間與機器時間。其影響「標準成本計算」及「生產排程系統預排工單」，理論上應定期量測與檢討。

- 標準成本計算：人工成本是製造成本的一項組成項目。
- 生產排程系統預排工單：生產排程系統為能預排生產作業，須估算每一工單生產時間，估算時是使用標準工時作為計算參數。若標準工時過寬，將造成預計生產需求時間過長；若力求準時交單，將造成系統排定的正常工班無法消化時，需要安排加班生產。若標準工時過緊，將會造成預計生產需求時間過短；績效檢討時，將發現許多工單皆不能如預計時間內完成。

花博：產品研發有試製、試產等階段，試產階段我們請品保部門協助一起測量時間，將所測時間寬放20%~30%不等，作為開始正式量產時的參數設定。

小布：產品量產一段時間後，請問你們怎麼沒有進行調整？

花博：沒有調整就沒有調整，看不出有何實質影響！

小布：標準工時設定會影響標準成本的計算。

花博：這就是個數字，工廠依據標準成本檢討，實際仍須依據實際成本結算，對於實際成本計算沒有影響。相關有利或不利的差異，本廠成本會計人員每週進行說明，怎麼說明是成本會計人員的事情。我很忙，你別討論這些無關痛癢的事。

小布：標準工時的設定還會影響生產排程系統排單。

花博：工廠哪個部門負責什麼你都不了解？怎麼安排生產工單及工班是製造部門的責任，他們根據他們的職責進行調節，你去問他們。

小布：可是製造部門需要依據生產排程系統進行工班安排，如果參數資料不準確，會影響製造部門的解讀與安排。

花博：你是在指控製造部門沒有專業？

小布：我沒有說製造部門不專業，我是說在正式量產一段時間以後，標準工時應該重新測量，讓數據的相關使用部門可以有精確的參考。

花博：你知不知道我們公司有多少項產品？重新測量太過浪費我部門人員的時間，不然你自己重新測量。

小布：你不怕影響製造部門的排班作業嗎？例如後續的排

班或加班生產。

花博：我告訴你，如果你是指控製造部門沒有專業，你去
　　　找製造部門談。如果你是指控對於排班或加班的影
　　　響，請你提出證據，我們這裡不流行空談。

　　小布心想，要怎麼證明這些加班時數是多的？有人建議加入開
機時間這一條維度，如果人工時間遠大於開機時間，即可詢問加班
生產的必要性。然而，使用開機時間這條維度比對的盲點，是假設
機器提早關機；小布觀察現場作業人員餘裕、悠閒，可是機器同時
在跑，使用機器時間這條維度資料比對，可能無法證明。

　　小布心想「安排加班當然是因為正常工班無法消化目前工單，
需要安排加班生產，這代表工廠產值應該提升；如果生產效率提
升，又需要依靠加班消化工單，這代表工廠產值應該大幅提升」。
加入工廠產值這條維度資料後，小布依生產效率提升20%~30%、加
班需求25%~35%計算，工廠產值理論上增加50%~90%；然而比對
歷史資料，這幾年工廠產值並無明顯提升，小布將此比對結果與廠
長溝通。

　　小布：比對歷史資料，這幾年工廠產值沒有明顯提升，這
　　　　　代表生產總需求大致固定。生產需求固定、生產效

率提升20%~30%，如果產線的人數固定不變，理論
上產線人員應該可以提早完成生產，怎麼會有加班
需求？

廠長：你放心，相關單位每週必須提出檢討說明，也有彙
整檢討報告，送呈董事長與總經理。

小布：送呈董事長與總經理的報告能不能讓我參考一下。

廠長：你想看什麼？

小布：我想看你們如何表達實際工時與標準工時這一部
分。

廠長：這樣好了，我讓製程部門檢視看看標準工時的適合
性及如何調整。

小布：據我進入系統觀察跟詢問花博士，標準工時在試產
階段設定以後，沒有定期調整的機制。廠長待過某
某大廠，好奇請教某某大廠怎麼管理這一塊？

廠長：我會請花博士日後在量產3~4個月內重新測量，每年
度檢視與調整。

　　小布心想，廠長果然是內明之人，答應爽快。不論廠長此前知
不知情，都可以藉由這次就坡下驢，不用當壞人（減少產線員工加
班時數），又能降低他們被人力檢討的可能。只是我擋人財路（加

班費），少不了又是一頓草人紮針。

本節觀念回顧

- 「交叉複現」是從多個維度資訊，逐步分析、驗證，最後得到近似實際狀況的推論，以此對於後續的行為作出判斷及節制。

- 線上與線下、數據與現場的融合，是現代管理方式。

- 一般而言，不利的穩定異常現象，可以進行作業改善，去除異常因子後，就是穩定的正常。

- 整體性的穩定有利異常，應了解原因。是否衡量基準過寬？或過程中發生什麼改變，以致衡量基準過寬？此等改變必須視其性質判斷好壞，好的改變，應予鼓勵、評估調整衡量基準；不好的改變，應予制止、維持原有衡量基準。

第五章
攻錯他山之石

．．．．．．．．．．．．．．．．．．．．．．．．．．．．．．．．．．．．

　　一則故事「有個人的家門前有個坑，第一天早上出門，他沒有注意，掉到坑裡面了。第二天他又掉坑裡面了，第三天還是掉坑裡面了，後續第四天、第五天、第六天、第七天，天天依舊掉坑裡面」。請問世界上有沒有這樣子的人？相信會有很多人說「怎麼可能有這種一直掉同一個坑裡面的人！」真的沒有嗎？

　　有些查核人員，這次查無重大發現，按照現有方法查核；下次查無重大發現，按照現有方法查核；下下次查無重大發現，依然按照現有方法查核。今日處理不了問題，明日執行同樣動作，後天還是執行同樣動作；今日無法突破作業單位設計的侷限，明天重複同樣的行為、後天還是重複同樣的行為，所受侷限只會一直往復發生。

　　古云「思則變，變則通，通則達」，執行查核任務也是如此，突破定式，才有可能突破既有限制。可是如何突破定式？不妨藉由「他山之石攻錯」，本節中提供3個方法供讀者參考，分別是「虛心求教、建立基準、狀況分類」。

5.1 虛心求教

　　講個笑話，四樓住戶準備重新粉刷牆壁，可是不知道需要幾桶油漆才夠，因此四樓住戶詢問五樓住戶「你好，我家準備重新粉刷牆壁，我們戶型相同，請問你家上次粉刷，總共買了幾桶油漆？」五樓說「總共買了18桶。」過幾天，四樓住戶詢問五樓住戶「我買了18桶油漆，粉刷完後怎麼還剩6桶，你是不是記錯數字了？」五樓說「沒有記錯！我家粉刷完後也剩6桶，我也是想六樓的是不是記錯了」。

　　買油漆笑話的寓意有二。

- 除非是機密事項，遇到自己沒有把握正確解答或沒有頭緒的問題，不要蒙著頭自顧自猜想，虛心請教專家或具有類似經驗的人士。
- 溝通時，對話雙方需要準確表達自己的意思，避免資訊傳遞落差。這個笑話中，四樓詢問的意思，是希望知道粉刷牆壁需要幾桶油漆，而不是買了幾桶油漆；五樓也沒探求問題真義，例如回覆「我買了18桶油漆，粉刷完後還剩6桶」。準確表達語意及探求真義，是目前人腦智慧贏過人工智慧的地方。

案例 22：公司不願額外投入資源因應競品長期促銷，怎麼辦

　　小布某次查核發現，公司某通路業務人員普遍以公司不允許的方式，挪用貨品補貼該通路客戶；經了解，主要原因是某個競爭品牌廠商在該通路長期低價銷售與高比例進貨搭贈（例如買一送一）。雖然該通路業務人員多次反應情況，可是公司不願意投入更多行銷資源對抗該競爭品牌廠商的市場掠奪；業務人員為能達成業績目標，領取業績獎金，變相以公司不允許方式，挪用貨品補貼該給通路客戶。這種現象讓小布陷入兩難情境，如下頁圖。

- 言明這是違反公司內部控制制度的行為，建議落實管理控制，後續結果是業務人員因長期達不成業績目標，領取不到業績獎金，最後離職，重新招聘。新進業務人員再次因為達不成業績目標、領不到獎金，最後離職、再次重新招聘，周而復始的進入惡性循環。
- 再說，公司經營階層高階主管個個經驗老到，他們怎麼可能不知道這種以公司不允許方式挪用貨品的作法？他們睜隻眼閉隻眼，不是鴕鳥心態，他們是在讓「公司不願意投入更多行銷資源，及業務人員可以繼續存活之間，自然的達到一種均衡」。

圖 5.1節［案例22］不願額外投入資源因應競品長期促銷之惡性循環

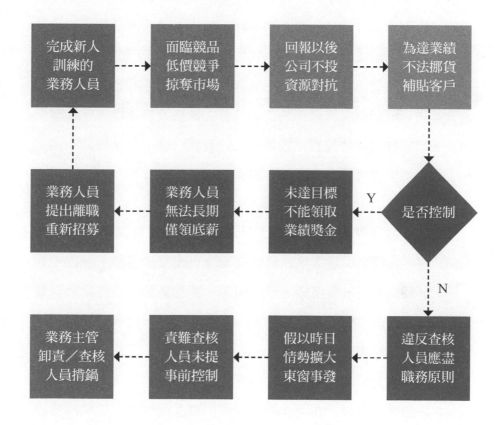

• 或者，是否暫時默視這種挪用貨品行為的存在，畢竟落入惡
　性循環，對於公司更沒好處，可是查核人員可以默視違反內
　部控制制度的行為？其它通路業務人員以此仿效又當如何？
　日後如果情勢擴大，會不會又是推給查核人員揹鍋，責難沒
　有事前查到此一行為或沒有事前提出管理控制建議？

　　小布心中沒有成算，既然此次現象與低價掠奪市場有關，因此
抱著嘗試心態，請教擅長公平交易法的專家。

• 專家建議以公平交易法第19條第3款（現在改為第20條，可參
　閱公平交易法施行細則第27條說明），請競品公司注意法令
　遵循。
• 小布依建議，請業務人員蒐集競品廠商長期之低價銷售與高
　比例進貨搭贈等事實證據，再請成會人員估算競品成本，然
　後請公司法務人員通知競品廠商的法務人員「注意低價銷售
　與搭贈比例應限縮於法令規範範圍」。
• 之後將此查核發現列成觀察事項，確認挪用貨品補貼客戶現
　象，有無因此減緩。

　　作者經驗中，世界上應該沒有任何凡人敢說「自己什麼領域

註：公平交易法「低價掠奪市場」相關規定

- 公平交易法（106年06月14日）第20條：有下列各款行為之
  一，而有限制競爭之虞者，事業不得為之。

  （1）以損害特定事業為目的，促使他事業對該特定事業斷
  　　　絕供給、購買或其他交易之行為。

  （2）無正當理由，對他事業給予差別待遇之行為。

  （3）以低價利誘或其他不正當方法，阻礙競爭者參與或從
  　　　事競爭之行為。

  （4）以脅迫、利誘或其他不正當方法，使他事業不為價格
  　　　之競爭、參與結合、聯合或為垂直限制競爭之行為。

  （5）以不正當限制交易相對人之事業活動為條件，而與其
  　　　交易之行為。

- 公平交易法施行細則（104年07月02日）第27條

  （1）本法第二十條第三款所稱低價利誘，係指事業以低
  　　　於成本或顯不相當之價格，阻礙競爭者參與或從事
  　　　競爭。

  （2）低價利誘是否有限制競爭之虞，應綜合當事人之意
  　　　圖、目的、市場地位、所屬市場結構、商品或服務特
  　　　性及實施情況對市場競爭之影響等加以判斷。

都會、什麼作業都精通，大小事情均能完美無瑕的包辦」。作者有
次投稿某期刊，遇到該期刊評審老師回覆意見「查核人員應該什麼
領域都要會、什麼公司作業都要熟悉」。作者詢問該期刊總編輯「
你們敢不敢將此評審老師的意見公知於眾，表示這是你們期刊的觀
點？」總編輯回覆「這樣不好啦！我再和該名評審老師溝通此段意
見是否需納入參考」。既然沒有凡人可以全知全能，遇到不知道的
問題時，就大膽、放心的跟小布一樣，虛心求教吧！本節請教公平
交易法專家是一例，第1.1節中請教ACSI發明者嫡傳弟子是另外
一例。

本節觀念回顧

- 對於短期內沒有解決能力的問題，要懂得「在取捨中前
  進」。
- 遇到沒有把握或沒有頭緒的問題，不要自己一個人猜想，「
  虛心請教」專家或具有類似經驗的人士。
- 準確表達語意及探求真義，避免對話雙方的資訊傳遞落差。
- 法令遵循查核，除了檢視公司內部，也可適當約束外部，並
  以此助推組織達成營運或作業目標。

5.2 建立基準

在南太平洋上一個叫做塔納（Tanna）的小島，二次世界大戰時美軍選中塔納島作為軍事基地，數萬名美軍士兵進駐這裡。在美軍進駐以後，當地原住民目睹了一連串他們無法理解的事情，他們看到美國士兵不用耕種、不用打獵，常常扛著步槍列隊走幾圈，就會有巨大船隻和巨大機械鳥，運載來各種沒見過的先進工具和食物補給，而且屢試不爽。以當地原住民的視角，美國士兵掌握了跟神溝通的方式，擁有神明庇護，神明會給他們帶來禮物。

二次世界大戰結束後，美軍把自建的軍事設施拆掉，乘著軍艦和飛機走了。當地的原住民拼命回想，美軍是怎麼和神明溝通的？如果我們也照著做，是不是可以同樣獲得神明關懷？原住民們開始有樣學樣，以美軍展現的表面行為當作「參照標竿」，在自己胸口畫上USA字樣，用木頭製作飛機和指揮塔臺，扛著木頭步槍列隊行進，作出引導飛機的降落手勢，想盡辦法與神明示意。

最開始十數年，原住民真的相信這樣會有效。久而久之，始終不見大船和大鳥到來，原住民們逐漸放棄見證神跡的幻想。不過這個祭祀儀式沒有被廢棄，而是保留下來，變成塔納島每年2月15日的一個固定儀式。

這個故事中有一個重要的寓意，不要以為「參照標竿」當作基

準，就一定可以找到正確解決方案。如果不能理解標竿背後的「底層邏輯」，無論怎麼模仿、怎麼努力，都是徒勞無功，甚至虛耗費工，因為建立的基準是錯的。

　　看到這裡，或許有人嗤之以鼻地認為「這是二次世界大戰時候的事情，已經過了60~70年，教育普及的現代，那裡還有這種不文明的人？」

　　有啊！小布曾經在某個機構短暫任職，該機構幫某一特定族群理財，限定只能操作共同基金。該機構買賣共同基金，會計人員是以「交割日」作帳，可是該機構監理人員強制參照政府四大基金使用「交易日」作帳。

> **補充說明 8：交易日與交割日的作帳差異**
>
> - 為什麼四大基金使用「交易日」作帳？因為四大基金是操作股票，交易當下，即有買賣交易淨值，所以可用交易日作帳。
> - 為什麼操作共同基金比較適合「交割日」作帳？因為買賣共同基金交易當下，還不知道交易淨值，交易淨值通常隔1~2日才會經過基金公司計算及公布；如果是操作國外的共同基金，換回本幣的匯率值通常也要再過幾天才會知道，因此操作共同基金比較適合以交割日作帳。

　　由於該機構只能操作共同基金，若使用「交易日」作帳，會計人員必須在買賣共同基金交易當下概估一個淨值及匯率，等實質淨值及匯率產出，會計人員再進行調整。該機構監理人員，不去理解股票與共同基金二者交易性質的「底層邏輯」，亦不願聽取會計人員解釋說明，結果就是拉低作業效率，同時顯示自身治理能力的顢頇。

案例 23：公司產品毛利去哪了

　　小布某年新入職某機具零件製造公司，給自己設定了一個難題，該公司毛利率20%、產業平均毛利率31%、產業龍頭公司毛利率43%；除了品牌力影響毛利高低以外，相較於產業平均及龍頭公司，相差的11%~23%去哪了？小布繼續尋找「參照標竿」建立基準，作為提供經營管理的參考資料。

- **以市場行情當基準：** 小布分析發現公司某五類機具零件毛利率0%，銷量很好；某類機具零件毛利率90%，銷量很差。經過了解，這六類零件原本是整組配好出售；產品經理偷懶，在系統中將前五類銷售價格參數直接設定為標準成本，全部毛利灌在後一類零件銷售價格參數，藉由整組出售方式達成預定毛利率。結果後來大部分客戶逐一比價，改變採購方式，只採購前五類零件（成本價，毛利率0%），獨獨不買後一類零件，然而產品經理沒注意客戶購買方式改變，未對價格設定方式做出調整。小布提出比較市場同類型零件的銷售價格水準，各類零件應有各自毛利率加成，遏止這種不符市場價格行情的情事發生。
- **以公司規範當基準：** 小布發現公司業務人員時常未依公司制

定之階梯報價表銷售，公司業務表示「常被客戶過度承諾後面有大單，因此報價下一階數量的價格作為客情」。小布提出糾正，確實依據階梯報價表對應之銷售量給予價格，一段時間（例如半年、一年）後真的累積到達下一階的數量，再將其對應之數量價差予以折讓，以避免無端低價銷售。

- **以交易紀錄當基準：**小布詢問後，發現客戶常常以開發市場為由，向公司申請特價專案支持，可是常常未予兌現。小布提出使用歷年資料分析，兌現率高者維持既有特價專案支持政策，兌現率低者限縮特價支持幅度，並提高申請簽核層級，從事業部主管加簽至總經理。

- **以數字邏輯當基準：**公司從事生產行為時，有時可能是由客戶提供生產用料（俗稱客供料），生產用料成本再從售價中扣抵。小布分析發現，A客戶歷三年採購1,000台、1,200台、1,250台，A客戶對應的客供料扣抵台數是1,100台、1,400台、1,500台，扣抵台數大於銷售台數，是一個不符合數字邏輯的現象，等於無故打折。經查核，工廠確認數量的作業不確實，A客戶開出多少客供料台數單據，工廠就轉給會計人員扣抵多少金額；會計人員相信前端的資料正確，因此沒有注意扣抵台數大於銷售台數，小布因此提出糾正。

圖 5.2 節［案例23］低負毛利分析魚骨圖

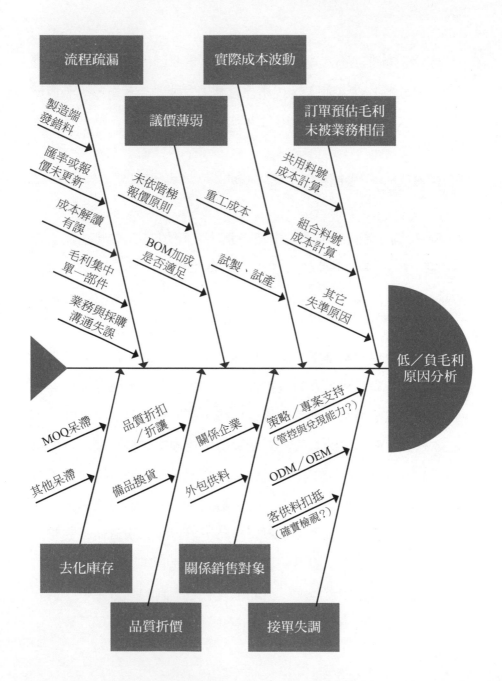

　　經過小布「從不合理現象找出各種真實原因，由原因考量對應控制（現象▶原因▶控制）」，用魚骨圖綜合陳述；並參考魚刺價值作出優先改善建議以後，公司毛利率提升至26%。

實務探討 15：「參照標竿」建立基準

　　除了本節案例使用之「市場行情、公司規範、交易紀錄、數字邏輯」等以外，另外建議使用以下資訊作為「參照標竿」建立基準。

- **以法令規範當基準：** 法令規範是建立基準的最低要求，例如第4.2節繳交海關進口貨物稅、第5.1節公平交易法等案例。
- **以有益數值當基準：** 數據分析後，觀察最不正常（有利／不利）、最極端的數值，那個數值可能才是真實基準，例如第2.1節某項原料採購價格漲幅近2倍（這個貴的價格才是正常品價格）、第4.3節標準工時、第6.2節優良工廠等案例。
- **以隱藏訊息當基準：** 資料分析時，很可能遇到資料不完整或在「專有訊息」處隱藏訊息的情形，此時建議嘗試將其中符合認知部分作為基準，可能會有意想不到的查核發現，例如第6.1節冗餘資訊、第7.1節物料採購條件等案例。

- **以消費行為當基準：**消費出自人性，違背人性的操作方式，很可能無法持久或得到反效果，例如第9.1行銷操作的案例。

本節觀念回顧

- 組織營運目標是營運查核的起始點，也是查核人員提升價值的立足點。
- 參照標竿
  1. 必須理解「底層邏輯」，不然可能徒勞無功，因為基準是錯的。
  2. 建議從產業表現、市場行情、公司規範、交易紀錄、數字邏輯、法令規範、有益數值、隱藏訊息、消費行為等方面著手。
- 系統性說出一個完整故事的能力很重要。
  1. 善用魚骨圖對於「現象▶原因▶控制」進行系統性陳述。
  2. 讓經營階層全景整體之影響性及選擇改善優先順序。

5.3 狀況分類

如果能將一個複雜問題（狀況），拆解成若干個簡單、可以單獨解決的小問題（狀況），之後工作就可以有條不紊執行，並且延伸應用至類似領域，作為管理及查核的索引。為能系統性拆解問題，推薦參考麥肯錫MECE（Mutually Exclusive Collectively Exhaustive）原則，先將整個問題當成母體，區分成完整無遺、相互獨立的子集合，然後使用魚骨圖、心智圖、或一張清晰的檢索表等方式予以呈現。

補充說明 9：麥肯錫MECE問題拆解原則

將一個大問題（任務）拆解成多個彼此獨立且完整的小問題（任務），讓管理人員可以更容易理解，進行有效分析、判斷與執行。

- 完整性：由最原始（高階）的問題、最表徵的現象、最後一道關鍵作業的結果等往下分解內容，看看是否有所遺漏？每一個子問題、子現象等之集合，是否可以等於母體？
- 獨立性：每個子問題、子現象之間是否相互獨立？有沒有交叉重疊的情況？

　　舉個例子，如何將中國的特色菜餚有效的進行分類？這時我們有了第一層關鍵詞「特色菜餚」，第二層依食材來源分成「沿海」及「沿江」二條支幹，第三層依據二條支幹沿線的地理位置依序放入，第四層依據地理菜系放入其菜餚口味。

案例 24：為什麼「應收帳款日」在ERP系統具有被延後現象

　　小布某次查核應收帳款時，使用3.2節所述之「整體視角」，決定從最後一道關鍵作業的結果逆向往前查核；因為此前的每一道作業，都是服務於應收帳款之日期或金額正確。若應收帳款之日期或金額有誤，就代表此前的作業中至少有一項有誤，才會致使最後結果有誤。

> **註：中國八大菜系**
>
> 　　八大菜系皆是沿江或沿海，原因是因為水產富饒，菜品變化更為豐富。
> - 沿海（從北到南），山東魯菜、江蘇蘇菜、浙江浙菜、福建閩菜、廣東粵菜。
> - 沿江（從東往西），安徽徽菜、湖南湘菜、四川川菜。

　　小布撈取客戶出貨單，使用Excel計算，發現ERP系統中未結清（付款）的應收帳款筆數計有4.16%（金額4.3千萬元）之收款基準日（從這個日期開始起算為應收帳款）及淨額到期日（客戶需要在這個日期付款，超過這個日期沒有付款，屬於逾期帳款）被延後一個月以上（例如06/01客戶應該付款，系統卻顯示07/01以後才需要付款，等同於在沒有人知道的情形下，替客戶延長了付款天數）。

　　小布依據公司客戶訂單請款流程（如後圖）逐項查核作業正確性，發現只能解釋4.16%中的1.75%。小布再往會計人員前段作業的相關作業查核，發現只能再解釋1.01%，例如未將客戶收貨簽收單及時繳回、客戶收款條件建立有誤等。

　　至此人工作業盡皆檢查完畢，只能解釋4.16%中的2.76%。依照刪去法，不是人工作業有誤，就是系統作業有誤，小布懷疑剩下的1.4%是不是系統邏輯及參數問題。小布尋找資訊部門主管，說明來意，尋求檢視系統邏輯及參數。

　　資訊：你確定你Excel的計算邏輯對嗎？

　　小布：我也怕是我Excel的計算邏輯不對，因此找了會計人員幫忙檢視，確定我Excel的計算邏輯是對的。也將那1.4%的資料請會計人員幫忙檢視，會計人員也已確認不是人工作業的問題。

圖 5.3 節〔案例24〕訂單至請款流程

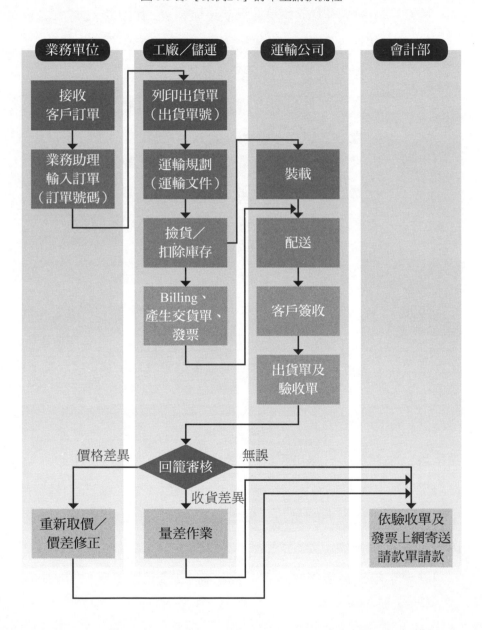

資訊：會計人員就是有誤，才會被你發現，你還請他們確認！

小布：可是，不是人工作業有誤，就是系統作業有誤。會計人員檢查這1.4%筆數不是人工作業問題，能不能請資訊部門幫忙看看是否是系統問題，或者請你們一起幫忙檢視是不是那裡出了問題。

資訊：資訊部門就是不會有錯，你簡直浪費我部門時間。把你Excel資料拿來我看，如果不是系統問題，你就發mail向全公司表達你對於資訊部門的道歉，說你不該懷疑資訊部門的專業。

　　資訊部門檢查完畢，真的是系統抓取收款條件異常的問題。原來公司代理一項新的產品，該產品有新的收款條件，卻沒有被建入系統；系統沒設此項新的收款條件，逕選同樣產品人類的條件參數計算，造成有誤。

　　小布將這次所有的人工及系統錯誤案例，繪製成魚骨圖，整體呈現及改善。第一層關鍵詞「應收帳款收款基準日及淨額到期日之正確性」，第二層依其作業主要類別繪製支幹，第三層依作業主要類別放入錯誤原因類型，第四層依錯誤原因類型補充其中錯誤細節。

　　以一年內已結清應收帳款計算，約5.2億元應提早1~3個月收

圖 5.3 節〔案例24〕應收帳款收款基準日魚骨圖

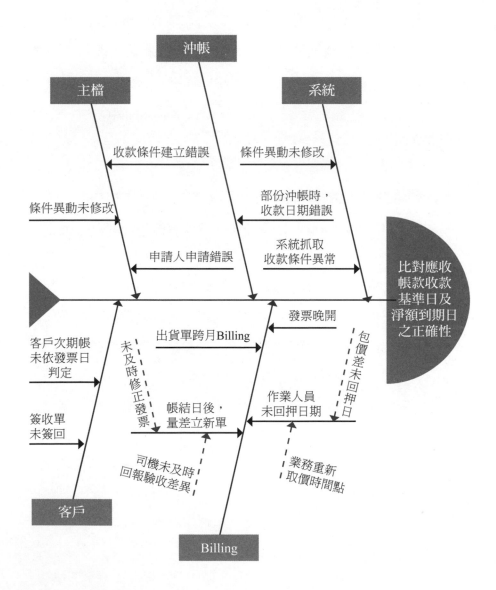

回。雖然以1%利息、平均提早收回2個月計算，這張魚骨圖的價值只有86萬元；可是因為這張魚骨圖，讓公司現金流量更加健康，也可以減少客戶於帳款期間內遇到意外（例如金融危機）的倒帳風險。

本節觀念回顧

- 如果能將一個複雜問題（狀況），拆解成若干個簡單、可以單獨解決的小問題，之後工作就可以有條不紊執行，及作為日後管理及查核工作的索引。
- 為能系統性拆解問題，推薦參考麥肯錫MECE原則。
  1. 完整性：由最原始（高階）問題、最表徵現象、最後一道關鍵作業的結果等往下分解，看看是否有所遺漏？每個子問題、子現象的集合是否等於母體？
  2. 獨立性：每個子問題、子現象之間是否獨立？有沒有交叉重疊的情況？
- 刪去法是一項重要的推理演繹方法，當刪去所有不可能因素，剩下的部分不論多麼不可能，必定真實。
- 遇到作業單位威壓，只要自己完整所有查核動作，真相終將浮出水面。

3
PART
資訊收集
確實驗證疑問

　　延續Part 1、Part 2 小布骨折事件，某日小布滑了一跤，頓時感到左腳一陣劇痛，去醫院檢查。醫生診斷左腳蹠骨裂了2處，必需要打石膏。小布心想「對啊！一般看人骨折，都是打石膏，該打石膏就打石膏」，於是小布被護理人員推著輪椅送去護理室。小布在護理室看著護理人員糊著一盆白白的石膏，心想「不對啊！我這樣一打石膏，接下來要怎麼行動，我正在轉換工作，後面上班怎麼辦？這些都是應該考慮的問題」，小布突然詢問護理人員關於打石膏的選擇。

　　小布：等一下，等一下，請問除了打石膏，我是否還有其它選擇？

　　護理師：我糊的這盆白色的是重石膏，我們還有另外兩種選擇，一種叫作輕石膏、一種叫作氣動護具。

　　小布：請問這三種有什麼差別？

　　護理師：重石膏，就是你一般常見白色的、很硬的，你們喜歡在朋友包重石膏時，在上面簽名的那種，這種你每次來健保都會給付。輕石膏是來的第一次，健保給付，以後要自費。氣動護具是長得跟鋼鐵鞋相似的鞋子，穿拆都方便，可是健保不給付、自始自費。

　　小布：了解，氣動護具可拆可穿、穿拆方便，那我選擇自

費，穿戴氣動護具。

上述情節，小布犯了查核時的常見錯誤，因為對於醫療知識的陌生，完全相信醫生，對醫生所述選擇不作多想。查核時，查核人員可能因為遇到比較複雜的技術、不懂的專業、模糊的過程（例如行銷專案執行與其結果不一定完全連動），心裡自動傾向相信（默認）作業單位的說法，而不作懷疑。例如，有些人對於財務會計不熟，覺得財務會計所述大致可以，就相信了；有些人查研發，研發人員在研發什麼都不知道，這時可能研發人員講什麼就信什麼；卻忘了多問一句、心裡多懷疑一下，可能就會具有不一樣的結果。

案例 25：業務一哥為什麼要舞弊？

某年小布突然接到子公司傳來的一個訊息，子公司行政主管電話告知「某業務人員（綽號棒棒糖）舞弊，被A客戶檢舉及證實。舞弊手法是棒棒糖與A客戶建立良好關係，取得A客戶信任，由於A客戶庫存管理能力薄弱，每次收貨或出貨之數量清點作業鬆散，因此棒棒糖趁著幫忙卸貨或出貨時，侵占A客戶貨物。例如幫忙卸貨105箱，實際僅卸貨100箱，另外5箱趁機拿走變賣；出貨100箱，實際拿105箱，多拿的5箱趁機拿走變賣。半年後，A客戶感覺貨物

越來越少，開始留心，從而抓到棒棒糖侵占貨品的犯行。棒棒糖因為不想被告，留下案底，願意以其侵占貨品數量之3倍金額賠償A客戶；鑒於棒棒糖的年紀尚輕，也有誠意賠償損失，公司放他一馬，不另外提告，僅讓他自行離職。相關檢討報告已經撰寫完畢，已提改善措施，之後將進行公司內部案例宣導。相關之檢討報告及棒棒糖自白書將送呈母公司稽核、法務及人事等檢視，若無其它疑問，將予結案」。

收到子公司對此事件之檢討報告及棒棒糖的自白書，報告內容檢討提出如下管理疏失及改善措施，自白書內容已經坦承侵占A客戶貨物之手法與犯行。

- 棒棒糖發現該A客戶庫存管理鬆散後，將給予A客貨進貨的建議數量加大，因為進貨數量變多，他從中侵占數量也可以變得較多。是故業務主管日後必須注意客戶進貨數量的變化，客戶進貨數量無端變大時，應予了解，以儘早發現類似情事。
- 業務主管平時疏於拜訪客戶，日後需勤於拜訪客戶，在與客戶的互動中，觀察有無異常情事及作出對於客戶有利（包含加強管理方式）的建議。

　　至此，報告寫了、業務人員賠償了、客戶也願意息事寧人，似乎可讓子公司結案。可是小布在觀察棒棒糖相關資料後，發現棒棒糖歷來考績良好，也是該區業績一哥；若無意外，該區業務主管發生異動，由他出線該區業務主管的機會很大。所以小布非常好奇，到底是什麼原因讓他作出舞弊行為，真的只是為了「錢」？且A客戶的庫存管理到底如何鬆散，可以鬆散到貨品被人多次侵占，直至半年以後才發現？為了解答這些疑問，小布私下拜訪棒棒糖。

案例 26：（案外案）業務主管長期侵占業務獎金

小布：你已經離開公司，這個案子也結了，你不用把我當查核人員，我們今天完全只是私下對話。我看了你的考績，你的表現一直很好，假以時日，你要升等也不是什麼問題。我真的很納悶，你怎麼會去舞弊？舞弊動機是什麼？

棒棒糖：我業績達成率很好，可是我們這區業績獎金長期被業務主管侵占，他利用獎金調配的權利，將其它業務人員一部分的獎金調整給我，再讓我領現金出來給他，而且連我自己的業績獎金也都要領一部分出來給他。我們這區的業務人員是敢怒不敢言，我

在想既然我的業績獎金被主管侵占，那我就去侵占
客戶的貨物，幫自己補回來。

小布：你的陳述有沒有相關證據？

棒棒糖：你去算獎金分配，就會知道獎金分配不合理，獎
金都灌給我。你去問我們這區的業務弟兄，他們都
知情，都可以作證人。我還可以把每個月領取這筆
現金的存摺給你，上面都有領取日期。

小布：你們怎麼不來跟我檢舉，我一定處理。

棒棒糖：你確定你處理的了？你之前不是處理過！能處
理，之前不早就處理了！

小布突然一時無語，心中OS：對吼！我都忘了，那個素有
皇氣護身的人，信哥！信哥因為我的查核，被調來
子公司當業務主管，現在這一區的業務主管就是信
哥（信哥之前的故事請見楔子一及第3.1節）。

棒棒糖：我有一件事很不服氣，我做錯了，我不該侵占客
戶貨品，可是我真的沒有侵占這麼多，我概估應該
不到賠償數量的一半。

　　小布跟棒棒糖索取了每月領現的存摺紀錄，回到公司後計算該
區業務人員的業績獎金，發現與該區業績獎金發放總額一致，可是

的確有將其它業務人員一部分獎金調整給棒棒糖的現象。翌日，小
布在沒有告知的情形下，詢問該區數位業務人員，業務人員證詞與
棒棒糖所述相符。接著，小布尋找信哥請教，信哥與前兩次一樣，
言語間振振有詞。

> 信哥：子公司業務人員的教育程度更不好，每月賺多少花
> 　　　多少。我是在幫他們存款，他們若有急需、婚喪喜
> 　　　慶或需要維繫客情，就有一筆錢周轉使用。我這
> 　　　是用心良苦，為公司同仁著想，你怎麼一直不能理
> 　　　解呢！
> 小布：你說你是幫他們存款，請問是否有存款或保管紀錄？
> 信哥：你怎麼這麼市儈，做人要講信義，我做出社會這麼
> 　　　久全憑信義兩個字。他們如果緊急需要，我還會自
> 　　　己掏腰包，貼錢給他們，絕對比幫他們存在我這裡
> 　　　的多。

　　小布只好將信哥這番振振之詞，再次禮貌性告知總經理及財
務長。總經理及財務長皆臉色難看，叫來信哥，直斥信哥職場做
事，又不是黑社會，什麼叫出社會這麼久全憑信義兩個字；現場令
信哥歸還全部業務獎金予相關業務人員，再次將信哥調離現在負責

的業務區域。然後總經理及財務長再次帶著小布一起去找董事長，總經理及財務長向董事長說明了信哥的行為，並再次補充說明「信哥草根性重，常有自以為是的想法。只是信哥跟通路客戶關係一直很好，不論負責那個區域，負責區域皆能達成銷售目標，對於公司業務拓展相當具有幫助；之前有其它競品公司找他談，他也都沒有去，算是對公司忠心」。

董事長聽完以後，有些不置可否感覺，只好先順著總經理及財務長的意。小布見狀，心中陡生一個大膽想法「既然無法忍痛處理信哥，就想辦法讓信哥發揮最大價值」，後續故事請見8.2節。

案例 27：（案外案） 專門扮豬吃老虎的客戶

在這個案子中，信哥的事情告一段落，另外還有一個疑問待釐清，「A客戶的庫存管理是否真的如何鬆散，鬆散到被人侵占貨品多次，直至半年以後才發現？」如果真的如此鬆散，站在通路合作夥伴的立場，應該予以輔導；如果不是真的這麼鬆散，那就有趣了。

小布立刻安排以調查暨提升通路服務品質的名義拜訪客戶，小布來到A客戶倉庫，覺得這間倉庫跟自己之前拜訪客戶的倉庫不一樣；之前拜訪過的客戶，倉庫中很多攝影機，可是A客戶倉庫一台攝影機都沒有看見，難道A客戶從來不怕貨品丟失或相信人性

本善？

　　小布來到客戶會計辦公室後，竟然是不一樣的情景。會計辦公室中一面閉路電視牆，電視牆畫面都是倉庫中的情況，這代表倉庫裡不是沒有攝影機，相反的，是有很多隱藏式攝影機或針孔式攝影機。最讓小布納悶的事情，在與會計主管詢問它們如何發現棒棒糖侵占貨品過過程與數量時，會計主管如數家珍般地說「棒棒糖幾月幾號侵占幾箱，幾月幾號侵占幾箱，幾月幾號侵占幾箱」；小布很納悶「既然如此清楚，怎麼不在發現的頭幾次就向公司檢舉，為什麼要累積半年以後才檢舉？」這個問題小布當場覺得不便詢問，畢竟是自己公司業務人員有錯在先，若是詢問，有可能會被解讀或被反咬是在質疑客戶。

　　對此，小布心下無解，既然無解，就像第5.1節所述「遇到沒有頭緒的問題，不要自己猜想，虛心請教專家」。小布電話請教同業的稽核人員，小布才開口提及A客戶，同業稽核人員立刻表示「你們公司也遇到這個情形，我們公司也遇到了」；於是各自分頭再打電話請教另一間同業的稽核人員，結果那兩間同業的稽核人員表示他們也遇到同樣情形。最後大家共同推論出一個可能性，A客戶是一間扮豬吃老虎的客戶。A客戶先展示庫存管控薄弱，引誘有心利用此管控薄弱的業務人員上鉤，等累積到業務人員可能無法賠償的金額，就發動檢舉，灌上一倍的數量、要求三倍金額求償，這樣等

於獲利500%。

　　對此推論，小布也無可奈何，只能將此例作成案例宣導，提醒公司業務同仁「夜路走多終遇鬼，可是只要走正途、好好幹，公司一定不會虧待大家」。

　　這個「業務一哥為什麼要舞弊？」案例中可以學習一個經驗，很多時候訊息不像表面上的這麼簡單，例如子公司檢討報告寫了、業務人員賠償了、客戶也願意和解，似乎可以結案了。可是多留意一下資料、心裡多疑問一下，可能就有不一樣的結果，就像小布意外的發現業務主管侵占業務人員獎金、扮豬吃老虎的通路客戶等兩個案外案。

　　是故接收訊息，不能只看表面，很多時候「言於字外，意在神髓」。因此資訊收集需要做到「確實驗證疑問」，如何確實驗證？本書建議3條參考原則，「正話反說、挾知而問、投石問路」。

- 正話反說用於「適時對於訊息產生疑問」。
- 挾知而問用於「確認訊息及測試對方的可信程度」。
- 投石問路用於「建立對於不確定訊息的觀點」。

第六章
正話反說

. . . .

有個流傳已久的笑話，「如何討娶比爾蓋茲女兒，並當上世界銀行的副總裁」。

故事從一位經商的父親與其兒子的對話開始。

傑克（父親）：我已經決定好了一個女孩子，我要你娶她！

兒子：我自己要娶的新娘我自己會決定！

傑克：但我說的這女孩可是比爾蓋茲的女兒喔！

兒子：哇！那這樣的話⋯。

在一個聚會中，傑克走向比爾蓋茲。

傑克：我來幫你女兒介紹個好丈夫！

比爾：我女兒還沒想嫁人。

傑克：但我說的這年輕人可是世界銀行的副總裁喔！

比爾：哇！那這樣的話⋯。

接著，傑克去見世界銀行的總裁。

傑克：我想介紹一位年輕人來當貴行的副總裁。

總裁：我們已經有很多位副總裁，夠多了。

傑克：但我說的這年輕人可是比爾蓋茲的女婿喔！

總裁：哇！那這樣的話…。

　　於是，傑克的兒子娶了比爾蓋茲的女兒，又當上世界銀行的副總裁。笑話原文最後還下了一個註解「知道嘛，生意就是這樣談成的！」然後傑克被讀者讚譽為是一個懂得機會、付諸行動、勇氣兼備等特質的傑出商人與父親。

　　這裡論及一個問題，什麼是真相？以事後的觀點來看，這位年輕人真的是比爾蓋茲女婿、又世界銀行副總裁；可是對於比爾蓋茲、世界銀行等可能因為這位年輕人的權過造化，災難正要開始。因此在接收資訊時，如何避免被人「資訊不對稱」套路？本節提供讀者參考「倒言以嘗所疑，聽取反面聲音，假設自己作弊」等3個方法，適時對於訊息產生疑問，解讀出另外一種真相。

6.1 倒言以嘗所疑（好奇才有抗體）

看過《三國演義》小說或改編的電視劇的讀者，可能記得一幕劇碼，「董國舅（董承）夜訪劉皇叔（劉備）」。

劇情是這樣的，曹操挾天子以令諸侯，被一些忠心漢朝的大臣視為奸臣。董承正在組織抗曹聯盟，鑒於劉備與漢帝劉協具有遠房親戚關係，董承尋找劉備加入聯盟。劉備擔心董承是曹操派來試探他的，故意奉承曹操治理良好，董承聽畢，怒斥劉備，劉備因此判斷董承是真的組織聯盟抵抗曹操。

劉備做的這個舉動是在「倒言反事以嘗所疑」，出處源自《韓非子·內儲說上七術》，故意正話反說或正事反做，來試探別人。只是查核人員不適合「反事」，因為一些作業單位搞不清楚狀況、不清楚查核人員說話這一段話之目的是什麼，很容易對外傳遞查核人員說了哪些內容、說這些是查核人員說的，造成查核人員容易被誤會。

查核人員雖然不適合「反事」，可是可以在心中「倒言」，詢問自己這件事是真的嗎？真的如表面所看到的嗎？例如有的時候分析數據，看到數據如此漂亮，連異常值、Out of Line都沒有，這時可以想想看，有沒有可能是作假給你看或具有人為操縱（例如第3.1節案例，一間創造出穩定巨額銷售業績的小賣店）。而且，接收資

訊，只有在心中「倒言（或保持好奇心）」，才能對於另外一種
事實具有抗體，並可藉由以下原則協助辨別及判斷是否需要繼續
深究。

實務探討 16：訪談或詢問時，值得持續注意的現象

- **語言、數字、事務等之邏輯矛盾：**例如小布有次查核某貿易
  公司的獎金發放，其中有一項是生產用料節省獎金，依每年
  節省生產用料的3%金額分配獎金。可是貿易公司只有買賣交
  易，沒有生產行為，哪有生產用料可以節省。

- **詢問細節時，受訪者感到不安：**金庸先生《鹿鼎記》中有一
  段描述說謊的訣竅，「男主角韋小寶是書中說謊高手，其
  訣竅是一切細節不厭求詳，而且全部真實無誤，只有在重
  要關頭胡說一番」。為什麼一切細節不厭求詳，而且全部真
  實無誤？因為小地方求證比較容易，且說謊者容易疏忽細節
  上的說詞，只要比對前後言詞，容易因為不一致而穿幫。因
  此越能從細節詢問，不實者越可能因為感到心虛，越發感到
  不安。

- **產生新的藉口或論點，作為問題的保護色：**有些人為了掩飾
  事情，會不斷尋找新的理由，例如小布某次看某條產線的產

率不佳，製造部主管這次說機器老舊、下次說產線員工問題，每次都有不同理由。

- **文字模擬兩可、意思模糊兩說**：一般人對於留下文字記錄會比較謹慎，大部分會避免說謊，以防日後變成相關證據之一。對於使用文字模擬兩可、意思模糊兩說等之文字，可能是在規避責任，可以特別注意有無隱藏或規避的內容。

- 尤其**對於不熟悉的領域，一定要仔細檢查**：不熟悉的知識、技術、職能等內容，容易被唬弄，應特別注意。

- 除非對方是憤怒鳥，不然**突然對質疑有威壓、不屑或憤怒時**：有些人會以佯怒（也有可能惱羞成怒）、傲慢、無理等狀態進行情緒上的干擾，讓查核人員不敢再繼續查核。小布初任查核人員，第一次外勤查核，曾被某業務主管在氣勢上威壓，心理膽怯而放棄查核；當時業務主管語氣高冷，對話如下。

小布：觀察A業務人員有什麼行為。

業務主管：A君是嗎？接著轉頭告訴秘書「A君明天不用來上班了」。

小布：觀察B業務人員有哪些問題。

業務主管：B君是嗎？接著轉頭告訴秘書「B君明天

不用來上班了」。

小布：觀察C業務人員有何種現象。

業務主管：C君是嗎？接著轉頭告訴秘書「C君明天
　　不用來上班了」。

小布當下心裡意念瓦解，問不下去了，只好表示「我今天查
核到這裡結束」。第二天小布詢問A君、B君、C君的狀況，
三位業務人員真的被開除了，小布當時心裡非常火大與沮喪
（害人沒有工作），之後熟悉查核工作以後，天天盯著該名
業務主管查核。

- 對方於**陳述中語詞生硬重複、或音量和聲調不自覺更改、
  或肢體語言不協調時：**這代表對方腦中可能是在一邊周全故
  事，一邊想著怎麼跟查核人員對話。
- **答非所問或擠牙膏式的回答：**很明顯不想讓查核人員知道太
  多事情。
- **高層之愛將或紅人呈報績效及對未來做出承諾時：**有些人為
  能獲取、維持權勢，或達到目的，會進行不實的預期成果及
  績效呈報（績效舞弊）。例如戊戌六君子之首·康有為對清·
  光緒帝表示「歐洲變法300年富強，日本變法30年富強，我們

變法3年富強」；結果戊戌變法僅經歷103日，以失敗告終，
光緒帝被廢（被軟禁於中南海瀛臺），慈禧太后重新當政。
當時如果光緒帝懂得「倒言以嘗所疑」，向康有為多提出疑
問「為什麼我們變法可以成功？3年就可富強？」說不定有著
不同的歷史結果。

案例 28：記錄在系統冗餘欄位中的關鍵訊息

資料分析時，很可能遇到資料貌似完整，可是真正關鍵訊息卻
放在一般人較少注意的冗餘資訊（或欄位），例如第2.2節案例「這
張壁紙竟然是張大千真跡」。若能嘗試將此當作是一種類別（或狀
態）基準，進行追查與分析，很可能有意想不到的發現。

小布某次查核海外子公司銷售作業，撈取ERP系統的銷售訂
單資料時，發現某些訂單資料的冗餘空白欄位中有「**」記號。小
布詢問訂單Key單人員，Key單人員表示「空白（沒有**記號）是
由客戶主動聯絡下單，有**記號是由公司業務人員拜訪客戶以後
所接的訂單，主要是用來區別訂單來源，作為檢視拜訪成效的分類
使用」。

小布心想「真的只有訂單來源的差異嗎？接收訊息還是需要驗
證看看」。小布針對兩者分析，均已認列收入、計入應收帳款，兩

者銷售客戶、品項、毛利等數據結構分布沒有明顯差別。

　　小布不死心，繼續分析兩者退貨率，發現「**記號」訂單退貨率高出「空白（沒有**記號）」10倍以上。小布詢問業務人員，原來業務人員為了衝高業績，將客戶之三個月內Forecast及借用樣機等，讓Key單人員建入系統，註記「**記號」與正常訂單區別，以利回頭尋找、跟進及處理。

案例 29：記錄在紙本空白角落中的關鍵訊息

　　小布有次觀察某公司庫務人員將退貨單據紙本分成二籃放置，一籃有「O」記號，一籃「沒有」記號或有「Ø」記號。小布詢問庫務人員，庫務人員表示「這是不同儲運人員作業時各自習慣使用的註記」。

　　小布心想「真的只是不同儲運人員作業時各自習慣使用的註記嗎？按理說，如果是習慣使用的註記不同，單據應該隨機選擇籃子放置，較少可能分類整齊，不會特別將O記號的放一籃、沒有記號或Ø記號的放一籃，接收訊息還是需要驗證看看」。小布針對兩籃退貨單分析，均經權責主管簽核，完成銷退及退款作業，整體及個別客戶退貨率等沒有明顯差別。

　　小布不死心，決定在兩籃中各抽幾間客戶，以調查暨提升通路

服務品質的名義拜訪，對客戶表達「拜訪目的是了解公司對於客戶的物流品質（送貨及收取退貨），及產品的保存過程等」。結果在其中幾間客戶倉庫「看到已被收回公司，完成退貨流程的退貨」。原來儲運人員為了達成收取退貨時效的KPI，將未能於時效內收取完成的退貨，先行在系統中完成退貨程序，然後在此等情況之退貨單上註記「O」記號；俟實際收取退貨以後，就在「O」上畫上一撇，變成「Ø」，代表真的已經收回退貨（註：沒有記號的退貨單據，是如實收回，沒有在收取時程上作弊的退貨）。

本節觀念回顧

- 不受限「接收訊息」的約束，是「人」獨有特點，比人工智慧（AI）高級的地方。
  1. 接收訊息，不能只看表面，很多時候「言於字外，意在神髓」。
  2. 在心中「倒言」，詢問自己這件事是真的嗎？真的如表面所看到的嗎？
  3. 看到漂亮的數據或沒有異常值時，想想是否可能人為操縱或作假？
- 保持好奇，才能對另一種事實具有抗體。

1. 高層之愛將或紅人呈報績效及對未來做出承諾時，宜特別注意。

2. 資料分析時，若能將重複性或系統性的冗餘資訊（或欄位）當作是一種類別（或狀態）基準，很可能分析或追蹤發現意想不到的結果。

6.2 聽取反面聲音

　　子曰「眾惡之，必察焉；眾好之，必察焉」。畢竟只有真正的仁者能好人、能惡人，眾人都喜歡或厭惡，可能都只是因為「鄉愿」。因此若聽從眾議，卻不去詳盡考察，很可能會被蒙蔽。所以接收訊息，不論是好、是壞，皆需要驗證看看。

如何發現舞弊情事	
吹哨者（Tip）	43%
內部查核（Internal audit）	15%
管理覆核（Management review）	12%
其它（Other）	6%
發生事故（By accident）	5%
會計相關（Account reconciliation）	4%
外部查核（External audit）	4%
文件審查（Document examination）	3%
監視/監測（Surveillance/monitoring）	3%
執法部門通知（By law enforcement）	2%
IT控制（IT controls）	2%
懺悔（Confession）	1%

吹哨者的身份	43%
員工（Employee）	50%
客戶（Customer）	22%
匿名者（Anonymous）	15%
供應商（Vendor）	11%
其它（Other）	6%
競爭者（Competitor）	2%
股東/所有者（Shareholder/owner）	2%
資料來源：2020年舞弊稽核師協會（ACFE）舞弊調查報告	

　　鑒於查核人員難免從內部獲得的資源有限，此時可以考量如何向其他人收集訊息。根據2020年舞弊稽核師協會（Association of Certified Fraud Examiners，簡稱ACFE）舞弊調查報告，如何發現舞弊情事（How is occupational fraud initially detected）案例統計如上頁表，由表中得知「吹哨者」對於發現異常情事的比重，遠高於其它來源。

　　報告中將吹哨者的身份（Who reports occupational fraud）分為7類，只是等著吹哨者前來吹哨（檢舉）顯得太過被動，因此除了建立良善的檢舉環境以外，查核人員可以主動尋找「隱性吹哨者」聽取反面聲音（異常訊息）。

實務探討 17：吹哨者的4個基本動機與9種類型

　　參考美國中央情報局（Central Intelligence Agency，簡稱CIA）依據人類4個基本動機「金錢（Money）、意識形態（Ideology）、良知（Conscience）、自我意識（Ego），縮寫MICE」，尋找及招募特工人員。作者根據小布經驗，將吹哨者依此4個基本動機，再區分為以下9種類型；執行查核作業時，可以從相關人員「表徵（資料）」辨識，促使吹哨、獲得異常訊息。

動機	吹哨者之「表徵」分類及說明（作者根據小布經驗自行分類）		
金錢利益	1	獎金	以獲取獎金為主要目的。
	2	競爭	水平的利益關係，消除競爭對手、贏得零和遊戲，必需注意虛假、謊報等情事。利益關係競爭者，請參閱1.1節案例「一項找死的任務、亦非個人職掌，是否拒絕」。
意識形態	3	社交	顯示交際關係良好（或消息靈通）、提高自身社會價值。
良知	4	道德	富於道德感、正義感。
	5	悔過	身在其中，幡然醒悟、浪子回頭。
自我意識	6	不忿	前後價值銜接關係，承擔不對等責任、獎罰不公，甚至代人受過。價值關係的銜接者，請參閱楔子一案例「董事長好友以極低成本購買公司貨品，要不要查？或怎麼查、怎麼驗證、怎麼防範公司損失？」
	7	報復	身在其中，利益不均、好處不平，甚至可能自身陷殼其中，而身受其害。另一名已知的舞弊者或疑似舞弊者，請參閱Part 3開頭案例「業務一哥為什麼要舞弊？」
	8	恐懼	身在其中，基於自身安全或害怕東窗事發。
	9	保護	親友身在其中，基於保護親友，以不追究為條件。

案例 30：這間優良工廠生產績效原來只是「緩步釋放」

　　小布這次要去查核一間績效優良的工廠，照理說，一般查核人員很容易將這次查核當成一次簡單的任務，因為這間工廠是該公司數間工廠中的模範生，各項指標幾乎都是這間工廠最優。

　　小布心中倒言「這間工廠真的可以作為模範標竿嗎？但是有沒有可能績效灌水？，如果績效來源有灌水，則可能就是整廠串謀。再說，模範工廠，應該將其模範之處仔細查核、詳實報導，拿來做為其它工廠參考基準」。

　　本節中介紹了9種類型的吹哨者，小布判斷這次適合從「價值關係銜接者」著手，尋訪價值鏈中成員，取得線索。然後推論相關反面聲音的背後，具有那些隱藏問題，並舉一反三以尋找與問題本質類似的不當行為。

　　小布詢問了幾位熟識當區的業務人員，詢問的原因是因為業務人員直接面對客戶，如果工廠之儲運服務不佳、產品品質不良、訂單交期延誤等，業務人員一定會接收到客戶抱怨，因此適合向業務人員這個「價值關係銜接者」的角色詢問。

　　業務人員表示「很奇怪！有時到了週末，該工廠附近就有人在銷售公司貨品，數量還不少，可是不知道這些貨品是哪裡來的」。小布聽了，一樣覺得奇怪，貨品出廠必須有其來源，例如

訂單出貨、樣品出貨、通路借貨、產品送驗、公關領用、參展領用等，不可能無故出貨。再說，如果訂單、生產、出貨等3者數量相等，多出的貨物是從哪裡出來的？而且數量還不少。

由於貨物產出必需要有生產行為，因此小布分析生產用料與製造產出的數量是否吻合。一般查核人員分析生產用料，通常特別注意多耗用的原料。例如100件A可作出100件B，如果120件A只做出100件B，就會了解為什麼多用20件A。可是小布更會注意少耗用的原料，例如80件A怎麼可以做出100件B，這少用的20件A，有沒有可能是工廠為了生產績效的偷工減料？或是生產BOM表多設，實際上真的不需要這麼多用料，例如真實關係是80件A可以做出100件B。

經過小布查核，這間工廠曾經製程改善、工藝水準也大幅提升，可是因此所提升的產率卻沒有如實設定。例如原本100件A作出100件B，產率提升以後，80件A就可以作出100件B，可是系統參數卻設定為90件A作出100件B。

沒有如實設定的原因，是工廠訂有每年產率提生KPI，所以工廠沒有一次設定到位，採取每年緩步釋放策略，保留每年的Buffer（緩衝空間）。這樣就可以解釋，為什麼有時到了週末，該工廠附近有人在銷售公司貨品，這些都是實際上應被節省的用料，所製成的成品。

本節觀念回顧

- 子曰「眾惡之,必察焉;眾好之,必察焉」。

- 當查無法從內部獲得更多資訊時,可以思考向外求(收風或尋找吹哨者)。

- 吹哨者4個基本動機「金錢(Money)、意識形態(Ide-ology)、良知(Conscience)、自我意識(Ego),縮寫MICE」。可依「表徵(資料)」再分為獎金、競爭、社交、道德、悔過、不忿、報復、恐懼、保護等 9 種類型。

  1. 獎金、社交、道德等3類,基於獎金激勵、社交需求及道德因素等,容易以良好的檢舉機制誘發,促使其主動檢舉。

  2. 悔過、恐懼、保護親友等之內心心理狀態,除非查核人員與其熟識,不然事前拿捏具有一定之困難程度,此等3類吹哨者適合謀定而後動。

  3. 競爭(利益關係競爭)、不忿(價值關係銜接)、報復(已知舞弊或疑似舞弊者)等3類,比較容易接觸尋找,收集異常訊息。

6.3 假設自己作弊

　　小布在一間使用SAP的公司，SAP是一套昂貴的ERP系統。小布撈取其庫存異動明細紀錄，發現自己使用Excel的加總數量與SAP顯示的加總數量不一致。再次確認自己及計算邏輯無誤後，小布心想「SAP這麼昂貴，不可能連加減法都會計算錯誤吧！」於是尋找IT部門幫忙檢視。

　　IT檢視後，發現SAP中部分資料欄位的格式定義被改變了，例如「30」在直觀上是一個「數字」，可是其格式定義被改變成「文字」，因此SAP沒有將其當成數字進行加減計算。至於為什麼改變，IT人員也不知道，因此小布與IT人員一同詢問資料輸入人員。

　　原來公司導入SAP未滿一年，資料輸入人員不習慣作業方式，覺得舊的ERP系統比較好用、SAP資料建立過程太過麻煩，於是上網搜尋有無快速的輸入方式。結果找到一篇破解SAP資料輸入的文章，內容是如何將Excel檔資料，直接整批錄入SAP。可是在錄入的過程中，資料輸入人員自己都沒有發現，其改變到部分資料的格式定義。

　　查核人員或多或少依循作業流程查核，可是如Part　2所述，依循作業流程查核有其缺陷；畢竟許多異常作業方式及陋規陋習不會記載於流程中，且流程導向無法反應重要作業事項改變。因此查

核人員檢視作業內容時，除了倒言以嘗所疑、聽取反面聲音以外，還可以假設自己是作業人員，如果要作弊的話，會怎麼作弊，步驟如下。

- 第一步，首先自問「要達到的最終目的是什麼？」例如不依照SAP系統應有步驟完成資料輸入。
- 第二步，接著設想「達到這個目的，從純粹理論上來說，有哪些作弊手段？」此時亦可參考他人經驗或上網搜尋。
- 第三步，然後審視「對於這些作弊手段，目前有沒有管理（或檢查）方式？」
- 第四步，最後思考「這些手段有哪些可以實踐？」
- 第五步，評估影響性以後，進行驗證。

案例 31：一份生產線保養紀錄的餘波

小布某次查核一間工廠，工廠依據機具及器械性質等定義出保養週期，例如月保養、季保養等。小布觀察，保養辦法中定義了那些機具必需「月」保養，可是卻未定義二次間的保養間隔。鑒於該工廠產能滿載，小布心想「若只顧產能，不顧保養的話，工廠會怎麼作？」於是他開始模擬。

- 第一步，目的「規避或減少既定保養時間」。
- 第二步，設想「有哪些作弊手段？」
  1. 本月月底及次月月初各記錄保養一次，這樣連續60日不用保養，且符合月保養的文字規定。
  2. 不實保養記錄，例如沒有如期進行保養，也記錄保養完畢。
  3. 保養動作不確實，減少某些步驟以減少保養時間。
- 第三步，審視「此前查核人員雖有檢視保養記錄，可是皆只進行遵行性查核，看流程、看簽名，沒有檢視真實性及合理性」。
- 第四步，思考「這些作弊手段，因為缺乏有效檢視，似乎可實踐性很高」。
- 第五步，進行驗證，發現如下。
  1. 許多機具跨月保養，例如本月最後一日20:00保養至次月第一日02:00，然後本月、次月都被記錄進行保養。
  2. 某些產線雖然於正常工作日進行保養，可是保養時段卻有生產領料記錄及成品入庫記錄，試問保養與生產行為如何同時進行。
  3. 某些保養記錄記載之執行人員，在保養當日具有休假記錄。
  4. 某些機具幾次保養之紀錄使用時間差異過大，例如最長一次使用 6 小時、最短一次使用 40 分鐘。

5. 上述所查保養記錄異常的機具故障率，高於其故障率設定
KPI的2~10倍，例如故障率KPI是小於0.01%，實際故障率
0.02%~0.1%，可是沒有列入檢討項目。

本節觀念回顧

- 真實性問題通常比完整性問題嚴重，內容合理比形式遵循更
具探討意義。
- 流程導向的查核方式具有先天缺陷。
  1. 異常作業方式、陋規陋習等不會記載於流程中。
  2. 重大舞弊事件，通常都能避開（或繞過）流程的管控重點。
  3. 流程導向無法反應環境變化。
  4. 流程導向無法反應重要作業事項之改變。
- 檢視作業訊息，除了倒言以嘗所疑、聽取反面聲音，還可以
「假設自己作弊」。
  1. 首先自問「要達到什麼最終目的？」
  2. 接著設想「從理論上來說，有哪些作弊手段？」
  3. 然後審視「這些作弊手段，目前有無管理（或檢查）
  方式？」
  4. 最後思考「這些手段有哪些可以實踐？」及擇要驗證。

第七章

挾知而問

「挾知而問」出自《韓非子》，原文「挾知而問，則不知者至；深知一物，則眾隱皆變」。語意是「用自己已經知道的事物去問人，那麼不知道的事情就可以知道了；深入知曉一件事情，眾多隱微的事情就可藉此分辨清楚了」。

「挾知而問」主要用途有二，一是「樹立威信，建立全知的假象」，另一是「判定一個人是否虛偽或真誠」。

‧樹立威信，建立全知的假象

某日戰國七雄之韓昭侯派使者視察城市四周，使者視察回來後，韓昭侯詢問「你有發現什麼了嗎？」使者「沒看到什麼！」韓昭侯「你再想想看，有沒有看到什麼？」使者（想了想）「南城門外面，有頭黃色小牛在道路左側吃禾苗」。韓昭侯告誡使者「不許把剛剛的對話洩露出去」。

接著，韓昭侯下令「禾苗成長時期，嚴禁牛馬踏入田裡，早有明訓，可是官吏不當一回事，許多牛馬在田裡吃禾苗。現在有多少這種案例，立刻查報上來，如果調查不

實，從重懲處」。

　　相關人員立刻調查，並回報說，東、西、北三個城門都有這種情形，唯獨南門沒有發現。昭侯「不完全，再查」。這時官吏才發現了南門有隻小黃牛，官吏們都以為昭侯明察秋毫，個個戒慎恐懼，不敢再次打混摸魚。

・判定一個人是否虛偽或真誠

　　韓昭侯假意按著自己的手指，氣急敗壞的告訴侍臣，他的指甲不小心折斷了，不曉得掉在哪裡。陪侍在側的侍臣著急的搜尋，找不到；於是偷偷剪下自己的指甲，奉獻給昭侯，欺騙說指甲找到了，於是韓昭侯知道這個人諂媚不實。

　　其實韓昭侯因為不知道部屬或親信的是否能夠誠實以對，於是故意虛構狀況（這是原先「已知」的部分），假意指甲掉落，試探部屬，藉此了解他們的真偽（這是原先「不知」的部分）。

　　對於「挾知而問」，本節提供3個應用方式供讀者參考，分別是「展現已知、假裝不知、戰略舉證」。

7.1 展現已知

　　網路上有則現場實錄的短視頻，「去百貨專櫃這樣買鑽戒，可以少花一半的錢」。

　　示範一，錯誤示範。

視頻主：你們有推薦50分的鑽戒嗎？多少錢？

專櫃一：這款賣的不錯，16萬元。

視頻主：這麼貴！有折扣嗎？

專櫃一：我們現在有活動，可以打9折。

視頻主：打完折，還是很貴。

專櫃一：給您打折了，很便宜了。

　　示範二，正確示範。

視頻主：你們有沒有推薦50分的鑽戒？H、VS、3EX、無
　　　　螢光反應，多少錢？

專櫃二：先生，好專業。這款最受好評，您這麼專業，最
　　　　低價7萬元給您。

視頻主（旁白）：看到沒有，兩種不同問法，費用完全不

一樣。買鑽戒前，一定要懂得鑽石的規格（參數）用語，只有懂得鑽石的規格用語，才能使用較少的錢，買到性價比較高的鑽戒。

示範三，正確示範。

視頻主：你們有沒有推薦50分的鑽戒？H、VS、3EX、無螢光反應，多少錢？

專櫃三：這麼專業，您是同行吧！

視頻主：不是，只是稍微了解。

專櫃三：就當成您是同行了，這款銷得最好，最低價7萬元給您。

視頻主（旁白）：看到沒有，當您懂得鑽石規格用語，就能用合理的市場價格，買到該等規格的鑽戒。

這則購買鑽石的短視頻，透漏一個啟示，展現專業知識，取得對於自己的有利條件，這是「展現已知」的應用。「展現已知」的目的是「樹立威信，建立全知的假象」，既然目的中有著「假象」二字，即代表這個「全知」的印象是可以被製造出來的。這裡以戰國時期，衛嗣公的故事做為例子。

衛嗣公派隨從化裝成一般旅客，通過一個關口，守關小吏百般挑剔，隨從只好拿出一袋金子，行賄通關。事後，衛嗣公把那位官員召來，告訴他「哪一天，有名旅客經過你管制的關口，給你黃金，你才放行」。關吏聽聞後，面色轉白，惶恐之至，猜不透為什麼連這種事國君都知道。其實衛嗣公沒有情報人員，也沒有預言本領，只不過演了場戲，塑造全知形象，讓手下官吏嚴明紀律。

案例 32：共有多少物料適用特定的採購條件

小布某次查核採購時發現以下三種現象，所舉案例「採購日期僅為表示時序關係」，各筆交易皆是詢比議價文件齊全、請採驗入及付款憑證完整、遵循程序及核決權限、吻合採購數量越多單價越低特徵，依照驗證遵循性與完整性的查核方式，容易結論「無明顯異常發現」。

部分顧問或查核人員分析採購單價，會計算各項物料平均價格，挑出高於平均價格一定幅度的採購單價進行詢問。這種選樣詢問方式可以問到一筆筆的說明，卻難以觀察該物料價格變化全貌，而遺漏或被有意的隱藏一些關鍵資訊。在閱讀後續說明以前，請讀者對此三個案例中的數據，分別依序思考「看到了什麼現象？如何以此現象與採購人員對談？如何以此提升營運效果及管控？」等3

案例一：甲供應商之 4BI零件採購		
採購日期	數量	單價（台幣）
2005/05/14	200	30
2005/11/02	50	120
2005/11/09	100	60
2005/11/26	50	120
2005/12/28	50	120
2006/01/18	50	120
2006/01/26	50	120
2006/02/10	50	120
2006/02/22	200	30
註：採購日期僅為表示時序關係		
案例二：乙供應商之 601零件採購		
採購日期	數量	單價（美元）
2005/07/01	91	142.5
2005/07/03	100	84.8
2005/07/13	300	44.9
2005/09/14	320	44.9
2006/03/03	200	54.5

案例三：丙供應商之 NAS30 部件採購			
採購日期	品名	數量	單價（人民幣）
2006/12/23	NAS30 鐵件	600	205
2007/02/17		140	235
2007/03/22		150	232
2007/04/20		500	223
2006/12/23	共用 料_25G	600	15
2007/03/22		150	15
2007/04/20		200	15
2006/12/23	共用 料_31E	600	30
2007/02/17		140	30
2007/03/22		150	30
2007/04/20		500	30
2006/12/23	共用 料_35G	600	15
2007/02/17		140	15
2007/03/22		30	15
2007/04/20		500	15
2006/12/23	共用 料_SDG	600	15
2007/04/20		200	15

個問題。

案例 33：（子題一） 最小採購金額

　　以案例一為例，某些查核人員會挑選單價120元者做為樣本，進行詢問，此時採購人員勢必回答「因為該筆採購數量比較少，價格自然比較貴」，接著表示「完全按照詢比議價結果，不然你們可以自己詢價看看」。查核人員可能接著詢問「能不能一次買多一點數量以爭取價格優惠？某幾筆採購日期接近似乎可以合併一起購買？或能不能與廠商協商一段時間之累積採購數量給予Rebate？」等問題，此時有經驗的採購人員可能會不疾不徐回答「公司是少量多樣式的接單生產，下一次訂單不確定什麼時候，所產生之庫存積壓誰負責？或說公司設有庫存金額KPI、沒達到KPI由你們負責提出說明？」或說「採購數量由系統請購數量自動拋轉，請購數量則是由系統訂單數量及計劃性備料自動拋轉。採購人員負責依當時有利價格進行採購，難不成採購人員可以違反內控，修改系統請購數量？」接著雙方可能一陣討論，在查核人員無法破局，心中仍有疑問下，出具無異常發現。

　　案例一的採購相關數字，採購人員沒有作假，採購人員只是缺少考量一個條件「最小採購金額」，而最小採購金額為本案例的破

案例一：甲供應商之 4BI 零件採購				
採購日期	數量	單價（台幣）	總金額	溢付金額
2005/05/14	200	30	6,000	0
2005/11/02	**50**	120	6,000	
2005/11/09	**100**	60	**6,000**	12,000
2005/11/26	**50**	120	**6,000**	
2005/12/28	50	120	6,000	
2006/01/18	50	120	**6,000**	
2006/01/26	50	120	**6,000**	18,000
2006/02/10	**50**	120	**6,000**	
2006/02/22	200	30	6,000	0

題關鍵。有些物料因為製造特性，生產一批具有最低投產金額，例如案例一中各筆採購金額為6,000元，在此金額下，採購1~200個總額皆為6,000元，採購1個時單價為6,000元、採購200個時單價為30元。小布因觀察到6,000元這個關鍵數字，發現最小採購金額這個採購條件，嚴肅地向採購人員說明「2005/11/02一次買200個，可節省12,000元；2005/12/28一次買200個，可節省18,000元，合計節省

30,000元。如果能買到最小採購金額所換算之最大數量,可以降低單位成本,日後多使用一個就是賺到一個,亦避免日後需要時再次採購之額外成本。如果一次不買到200個(最小採購金額所換算之最大數量),廠商也會一次製造出來200個,等著你們分次採購、多付款」。

關於管控方式,小布主張系統管控比人工管控有效,徵得公司同意此採購方式,修正系統設定。將具有此種特性物料的採購條件錄入系統,請購時由系統自動帶出對應數量,以供拋轉採購數量(大體積物料尚需考量倉儲與運送成本)。

案例 34:(子題二) 分量計價

與採購人員詢問討論之推演已於案例一中敘述,案例二中採購人員缺少考量一個條件「分量計價」,分量計價為本案例關鍵所在。有時善用採購分量級距的單價差異,足以協助公司節省巨額成本。

案例二中,小布觀察到2005/07/01採購91個之金額12,968美元,比照2005/07/03採購100個之金額8,480美元,推估2005/07/01時若能多採購9個,整體成本可以節省4,488美元。進一步驗證,發現了分量計價這個採購條件,公司同意據此設定系統管控,將具有

案例二：乙供應商之 601零件採購				
採購日期	數量	單價（美元）	總金額	溢付金額
2005/07/01	91	142.5	12,968	4,488
2005/07/03	100	84.8	8,480	0
2005/07/13	300	44.9	13,470	0
2005/09/14	320	44.9	14,368	0
2006/03/03	200	54.5	10,900	0

案例二：乙供應商之 601 零件採用分量計價（幣別 美元）					
啟始數量	截止數量	單價	啟始數量×單價	進階區間	建議數量
50	99	142.5	7,126	60~99	100
100	199	84.8	8,480	129~199	200
200	299	54.5	10,900	248~299	300
300以上		44.9	13,470		

本表中之啟始數量、截止數量、單價等為供應商提供之採購條件。
建議數量＝「需求數量」落於「進階區間」時應建議採購「下一階啟始數量」。
進階區間＝「下一階之啟始數量×下一階單價/本階單價」~「本階截止數量」之區間。

此種特性物料的採購條件錄入系統。系統於請購時，自動帶出對應
建議數量，以此方式節省整體採購成本。

　　系統遇分量計價時，建議數量計算邏輯如下表，以需求數量為
60~99個為例，應建議採購至100個；需求數量為129~199個為例，
應建議採購至200個。

案例 35：（子題三） 整組定價

　　案例三中採購人員沒有考量隨著採購背景改變、不適合使用
「整組定價」規則採購，凡作業方式不能因應環境改變，皆有可能
造成公司損失。組裝產品在剛推出上市時，採購人員可能會與供應
商議定完整一組的部件需求是多少價格（整組定價），日後以此價
格採購。隨著推出一段時日，客戶採購時有可能表示不需要某些部
件（例如客戶從買漢堡套餐，變成只買漢堡）；理論上這些不需要
的部件通常是共用料件，不會是主要料件，此時再以此整組價格採
購，會造成支付同樣成本而少拿料件。

　　案例三中小布以採購日期重新排列，並觀察到NAS30鐵件符合
採購數量越多，單價越低的特徵，其它需要用來組裝之共用料件價
格不隨數量變化。採購人員解釋「共用料件的總需求量多，已經壓
縮至最低價格，因此採購價格不隨需求數量變化」。

案例三：丙供應商之 NAS30 部件採購（幣別 人民幣）				
採購日期	名稱	訂購量	單價	金額加總
2006/12/23	NAS30 鐵件	600	**205**	168,000
	共用 料_25G	600	15	
	共用 料_31E	600	30	
	共用 料_35G	600	15	
	共用 料_SDG	600	15	
2007/02/17	NAS30 鐵件	140	**235**	39,200
	共用 料_31E	140	30	
	共用 料_35G	140	15	
2007/03/22	NAS30 鐵件	150	**232**	42,000
	共用 料_25G	150	15	
	共用 料_31E	150	30	
	共用 料_35G	30	15	
2007/04/20	NAS30 鐵件	500	**223**	140,000
	共用 料_25G	200	15	
	共用料_31E	500	30	
	共用 料_35G	500	15	
	共用 料_SDG	200	15	

案例三：丙供應商之 NAS30 部件採購（幣別 人民幣）						
採購日期	名稱	訂購量	單價	金額加總	單價還原	溢付金額
2006/12/23	NAS30 鐵件	600	205	168,000	280	0
	共用 料_25G	600	15			
	共用 料_31E	600	30			
	共用 料_35G	600	15			
	共用 料_SDG	600	15			
2007/02/17	NAS30 鐵件	140	235	39,200	280	4,200
	共用 料_31E	140	30			
	共用 料_35G	140	15			
2007/03/22	NAS30 鐵件	150	232	42,000	280	4,050
	共用 料_25G	150	15			
	共用 料_31E	150	30			
	共用 料_35G	30	15			
2007/04/20	NAS30 鐵件	500	223	140,000	280	9,000
	共用 料_25G	200	15			
	共用 料_31E	500	30			
	共用 料_35G	500	15			
	共用 料_SDG	200	15			
註：單價還原=加總金額÷NAS30鐵件之訂購量=280元。						

　　小布進一步觀察到雖然各筆採購共用料件項數從2~4項不等，且各共用料件數量也未與NAS30鐵件數量一致，惟各筆採購加總金額，除以NAS30鐵件採購數量，皆為280元人民幣一個。指出這一點後，採購人員承認「此為最初採用整組訂價，後續採購時，沒有隨著實際採購內容調整價格」。鑒於2017/02/17溢付4,200元人民幣、2017/03/22溢付4,050元人民幣、2017/04/20溢付9,000元人民幣（例如公司支付了漢堡套餐的費用，卻沒拿薯條及飲料），採購人員與供應商議定「整組採購的價格維持不變（280元人民幣一套），遇到某些不需要的共用料件，將以實際採購內容計價，其它具有此種整組定價特性之採購將比照處理」。

　　本案例中小布證實了採購時未善用「最小採購金額、分量計價、整組定價等條件」，讓公司額外支付採購成本，其數據觀察能力讓採購人員駭然。可是小布還需要解決一個難題才能結案，那就是「總共有多少物料適用此等的採購條件？」總不能小布查到一個，採購人員才改正一個，因此小布告訴採購人員「我報告直接寫你們造成公司損失，對你們也不好。這樣好了，你們自述有多少物料適用此等之採購條件，如果自述項目完整，我報告就寫你們是偶有疏失，可是你們現在已經建立管理清單。如果自述項目不完整，比我查到的還要少（採購人員不知道小布總共查到那些項目），我報告就寫你們未能盡專業注意，迄今已經讓公司損失多少金額」。

由於採購人員已經駭然小布觀察數據的能力，只好將物料清單逐項標示說明，提供予小布比對，避免查核報告中的不留餘地。

本節觀念回顧

- 展現已知的主要用途是「樹立威信，建立全知的假象」，讓對方因此不敢敷衍。
  1. 適時展現專業知識，取得對於自己的有利條件。
  2. 專業的印象是可以被製造出來的。
- 只要能將「數據變化」歸類成一種「型態」，即可思考是否已妥善利用背後的形成條件、進以創造「提升營運作業效果之有利方式」。
  1. 「常態或系統性」數據異常分佈，這是績效所在、去除異常因子就會變成常態或系統性的正常。
  2. 數據異常分佈中「具有規則」，通常為某種規則未能充分利用，例如前述三個案例，只要充分利用其中規則，就能節省成本。有時未被充分使用的規則不只一種，造成負面症狀複合出現，不容易觀察，例如5.3節案例「為什麼應收帳款日在ERP系統具有被延後現象」。
  3. 數據異常分佈中「似無明顯規則」，此背後必有故事，需

要個案探討原因及解決，例如5.2節案例「公司產品毛利去哪了」。

7.2 假裝不知

　　網路上有則現場實錄的短視頻，「去百貨專櫃這樣買鑽戒，聽到這段話，轉頭就走」。

　　視頻主：你們有沒有推薦50分的鑽戒？

　　專櫃員：您想要什麼品級的鑽戒？

　　視頻主（故意詢問）：你們家的鑽石都是南非鑽嗎？

　　專櫃員：是的，我們家的鑽石都是南非鑽。

　　視頻主（旁白）：如果聽到銷售人員說「他們的鑽石都是
　　　　　　　　　南非鑽石」，可以立即走人。因為「鑽石」本身不
　　　　　　　　　分品牌及產地。專櫃人員說「他們家的鑽石都是南
　　　　　　　　　非鑽石」，只有兩種原因，一種是他也不懂鑽石（
　　　　　　　　　沒有專業），另一種是他準備開始忽悠顧客，不論
　　　　　　　　　是哪一種原因都不值得信賴。

　　這則購買鑽石的短視頻，透漏一個啟示，適時「隱藏」自己專業知識，去判斷對方的專業或可信程度，這是「假裝不知」的應用。「假裝不知」主要目的在於「判定一個人是否虛偽或真誠（例如對方真的不知道的時候，可以誠實表達自己不知道）」，既然有

著「假裝」兩字，代表除了適時「隱藏」，還可以適時「說出另外一種事實」主動測試對方。這裡以戰國時期，燕國宰相子之的故事做為例子。

　　燕國宰相子之有次假裝發現門口有些動靜，子之問說「咦！是什麼東西走出門外？」然後說「喔！原來是匹白馬」。左右官吏都說沒看見。這時有一個人聽到了之後，急忙追出去，不久後，回來氣喘喘的報告「沒錯，有一匹白馬走失了」，子之於是知道這個人不老實。其實這只不過是子之不知道部屬是否誠實，於是故意虛構狀況（這是原先「已知」的部分），試探部屬，藉此了解他們是否誠實（這是原先「不知」的部分）。

案例 36：從採購合約中的錯誤，測試供應商的誠信

　　某次小布查核某間海外子公司的採購項目，該國由於地方廣大，稅率分成國家稅（例如營業稅，全國各地統一稅率）及地方稅（依納稅註冊城市之稅率繳交，用於補助當地城市之文化、教育、建設等發展）。

　　應驗「工作場所有神靈」這句話，小布調閱檢視之第一份採購合約就是G廠商的合約（G廠商歷年交易，換算新台幣約每年8千萬元），合約中寫明繳交稅額為採購金額之10.5%。小布心中好奇

「10.5%好高喔！是由那些賦稅項目組成？真的是10.5%？」

　　小布自己查詢當地稅法相關規定，可是怎麼樣都算不出10.5%。於是小布調出相同採購性質的M廠商及J廠商合約，稅率分別是5.5%及5.35%，這時小布心中更加好奇「怎麼差異這麼大？」

　　小布詢問負責的採購人員「10.5%是由那些賦稅項目組成？」採購人員表示「這份合約是營運長精姐負責與廠商協商，自己僅負責後續行政作業。10.5%怎麼出來的不知道，可是比對過G廠商這幾年交易的採購合約，一直是10.5%，沒有改變過。如果真的想要研究由那些賦稅項目組成，建議詢問財務單位的人，這個應該是他們的專業」。

　　小布詢問負責的財務人員，財務人員表示「這份合約簽訂前沒有與財務單位討論，財務單位只有負責付款作業，由於法務單位審理合約，建議詢問法務單位」。

　　小布詢問負責的法務人員，法務人員表示「法務單位只有負責審閱交易方式、交付條件等條款，多少稅率不是法務單位職司，建議回去詢問財務單位」。

　　小布回頭再找財務單位的負責人員研究，後來研究出來一種可能，幾年前當地為了鼓勵消費，降低稅率至今，若用幾年前的稅率項目可以加總出9.5%，可是還有1%不知道是什麼項目。

　　小布前去詢問營運長精姐，精姐表示「她到這間海外子公司任

職4年多，G廠商是老供應商了，所以一直是使用過往合約的稅率，她與G廠商洽談的只有採購內容、交易條件、交付方式等」。在徵得精姐的同意以後，小布與採購人員決定一同拜訪G廠商。

正式拜訪前，小布告知採購人員此次目的是了解「G廠商10.5%稅率的計算方式，只聽不說，回公司再研究是否合理」，因此小布及採購人員不會在現場表示意見。拜訪當日，G廠商財務總監現場拆解賦稅項目，果然如同公司財務單位人員猜測，使用幾年前的稅率規定，而差異的1%是G廠商自行解讀的收取項目「稅上稅」。

回公司後，小布如實出具稽核報告，並以G廠商誠信可慮為

海外某國之稅率		G廠商	M廠商	J廠商
性質	項目	仍用幾年前之稅率	現行之正確稅率	
國家稅	營業稅	5%		
地方稅（依納稅註冊城市之稅率繳交）	文化補助	3%		
	教育補助	1.15%	0.5%	0.5%	0.35%
	建設補助	0.35%		
	稅上稅	1%	自始沒有此一項目	
合計		**10.5%**	**5.5%**	**5.5%**	**5.35%**

由，建議子公司妥善處理，子公司營運長精姐立即指示「更換G廠商及盡量索取與之相關交易的賠償」。由於精姐處理迅速，小布當下認為精姐可能是一時不察，且稅務不是精姐的專業，因此沒有多加注意與著墨在精姐的責任部分。只建議「日後合約中與財務有關部分，應予財務單位審閱；若有支出項目，勿僅表示加總結果，應有分項明細」。

本節觀念回顧

- 假裝不知的主要用途在於「判定一個人是否虛偽或真誠」。
  1. 適時「隱藏」自己的掌握資訊，去判斷對方的掌握或可信程度。
  2. 適時「說出另外一種事實」主動測試對方的反應。
- 保持好奇，才能對另一種事實具有抗體。
- 比對資料時，可以參考產業表現、市場行情、公司規範、交易紀錄、數字邏輯、法令規範、有益數值、隱藏訊息、消費行為等作為基礎。

7.3 戰略舉證(Strategic Use of Evidence)

名探福爾摩斯的探案方式，可以分成3個基本步驟。

- 第一步，收集充足的資訊。
- 第二步，根據已知的資訊，推理出所有可能結果。
- 第三步，由此可能結果，分析更多資訊，刪去其中不可能者。

某日福爾摩斯注意到華生回來的時候，鞋上沾了一塊紅色的泥。他之前已經知道，只有郵局門口在修路，會有這種顏色的泥土。由此他得出結論，華生去了一趟郵局。可是華生去郵局作什麼？福爾摩斯給出了三個猜想，第一是寄信，第二是買郵票或明信片，第三是去發電報。

於是福爾摩斯回想更多細節，一一驗證每一種可能，他發現一上午華生都沒有寫信，而且他們的家中還有很多郵票和明信片。因此刪去寫信、買郵票等兩個可能結果，於是得出結論，華生是去郵局發電報。

刪去法是福爾摩斯推理的重要方法，當刪去所有不可能的因素後，剩下的部分無論多麼不可能，都必定真實。可是如果沒有福爾摩斯的觀察能力及刪去能力，怎麼辦？可以借用刪去法的原理，但

改成讓疑問對象自己進行刪去，刪去所有不可能的因素，剩下的部分無論多麼不可能，都必定真實，這種讓疑問對象自己使用刪去法的方式叫作「戰略舉證（Strategic Use of Evidence）」。

補充說明 10：戰略舉證（Strategic Use of Evidence）

　　參考網路文章對於「戰略舉證」的介紹與說明，紐約州立大學布法羅分校（The University at Buffalo）行為學者調查162名參與者，詢問他們如何在生活中「發現」一個謊言，又是如何「懷疑」謊言的出現。調查結果顯示，37.3%的謊言是由物證證明，36%謊言是協力廠商資訊披露，僅有1.3%是因為語言或非語言行為發現。儘管9成以上參與者表示，非語言行為引發了他們對於謊言的懷疑，但是在求證話語真實性的過程，非語言行為幾乎沒有作用。

　　需要識破謊言的一個主要場景，就是審訊犯人。在實際執法過程中，警方也很難用非語言特徵認定對方正在說謊，那警方可以如何識破謊言？紐約市立大學（The City University of New York）犯罪心理學者，蒂默森·盧克（Timothy J. Luke）介紹了一種戰略舉證（Strategic Use of Evidence）方式。通常說謊的人會希望盡量透露較少的資訊，避免破綻；所以提問時可以

採用「漏斗式」提問，隱藏部分證據，　使用開放式提問，引導
對方自相矛盾。

　　比如你懷疑你的女兒上週六去舞廳了，證據是鄰居說「那
天晚上在舞廳門口看到你女兒的自行車」。如果你劈頭就問女
兒「你昨晚去舞廳了嗎？有人在門口看到你的自行車」，這樣
就是在逼她找藉口，破壞證據的價值。此時應該事先想好她所
有可能會說的藉口，例如可能是「有人偷了她的自行車，她把
自行車借給了朋友」。那麼正確提問方式，應該是詢問「有沒
有別人騎了她的自行車？」她很可能否認這個問題，這時接著
詢問「有人在舞廳門口看到你的自行車，你有沒有什麼要說？」
因為理由藉口已經被她親口證實不成立，她也就很難否認去過
舞廳及撒謊。

案例 37：買客戶的調適

　　小布上次查核銷售作業時，因為詢問「促銷費用占銷售額的
比例關係」，業務副總教訓小布不懂市場操作，並好心的幫小布補
習一堂市場經濟。業務副總表示「有些產業具有極強之網路外部效
應、規模報酬遞增等特性，時常需要不計成本掠奪客戶、搶占市場

份額，例如大陸的千團（外賣平台）大戰、共享單車亂戰等之消費者補貼，即是典型案例」。

　　公司有數十項促銷方案及獎勵提供銷售通路客戶（例如經銷商、盤商等）配合執行，小布這次查核銷售作業，分析各通路客戶

補充說明 11：產業競爭現象之大者恆大

- 網路外部效應（network externality）：是指當商品售出數量越多或使用者越多，商品價值就會越高。例如即時通訊軟體，如果世界上只有一個人使用Line或微信（WeChat），Line或微信幾乎沒有價值，因為沒有其他用戶可以相互對話；反之，而越多用戶使用，價值就會大幅提升。

- 規模報酬遞增（increasing returns to scale）：是指生產數量越大或使用量越大，生產及服務等產品平均成本可以越低，組織藉此擁有競爭優勢。

- 具此二種特性或二種特性兼具的產業，通常具有「大者越大，中等以下規模廠商將被逐出市場」的現象。成王敗寇分野繫於一個相對數量的界限門檻，若能衝過「銷售數量、使用者人數、市場份額等界限門檻」就得存活；若否，就將淘汰。

每月「促銷費用÷銷售金額」的比例關係，發現E客戶這半年間由70%上升至100%；意即所有銷售收入盡皆支付促銷費用，弗論回收產品成本及攤提後續相關費用。

小布進一步分析原因，發現主因是E客戶符合某項促銷方案，這項促銷方案讓其「促銷費用÷銷售金額」上升30%。可是讓小布好奇的是這項促銷方案之所有申請支付金額中，E客戶佔了96%，因此小布決定請教業務副總。

鑒於業務副總市場經驗獨到、知識淵博，若冒然詢問「為什麼E客戶之促銷費用÷銷售金額比例，半年內由70%提升至100%？且E客戶佔了某項促銷方案支付金額的96%，這項促銷方案是不是依照E客戶的條件量身設計？」一定又被業務副總告知市場競爭到達白刃戰階段及好心的補習市場經營知識，因此小布只好迂迴的設計對話如下。

　　小布：請問公司現在主要的銷售合作夥伴（客戶）是那些
　　　　　通路商？
　　副總：目前主要通路合作夥伴有A、B、C、D、E、F等通路
　　　　　客戶。
　　小布：目前設計的促銷方案是否適用於所有的通路客戶？
　　　　　或量身訂做條件？

副總：目前設計的促銷方案是所有通路客戶一體適用，不
　　　會特別量身訂做。

小布：目前促銷方案大概多久檢討及調整一次？

副總：現在產業這麼競爭，我們每週檢討業績，每季適時
　　　調整。

小布：半年以上才調整的促銷方案多不多？

副總：市場這麼白熱化，半年以上才調整的促銷方案沒
　　　幾件。

小布：您之前在產業某品牌大廠擔任業務主管，請問該公
　　　司「促銷費用÷銷售金額」比例大概抓多少？

副總：他們大概抓50%，我們是小品牌廠商，不能跟他們
　　　抓得一樣。

小布：當然！我們是小品牌廠商，很難跟他們競爭。教科
　　　書上也寫小品牌廠商比較適合跟隨策略，可是也不
　　　可能無上限的跟隨，我們大概抓多少作為適合的跟
　　　隨比例？

副總：我們大概抓比他們高出20%。

小布：那「促銷費用÷銷售金額」比例大約就是70%。

副總：我們就是使用70%作為一個評估標準。

小布：我發現E客戶佔了某項促銷方案支付金額的96%，促

銷方案不是所有通路客戶一體適用？

副總：這項促銷方案正好只有E客戶適合，我們正要準備
　　　調整。

小布：這麼巧啊！可是E客戶「促銷費用÷銷售金額」比
　　　例，近半年內好像由70%提升至100%，不知道我的
　　　計算是不是有誤？

副總：自古無巧不成書！不過剛才說了，正要調整促銷方
　　　案，調整以後應可降至70%以下。

小布：可是這份查核報告我要怎麼表達？能不能請副總給
　　　我一點建議？

副總：建議你這樣寫。

- 業務部門尚未正式訂立「促銷費用÷銷售金額」評估標準，
  查核人員建議訂立，以茲日後遵循及查核。業務部門為能節
  制銷售費用，將訂立「促銷費用÷銷售金額」的上限標準為
  70%，高於70%者必須加簽至總經理審核。

- 通路客戶之促銷費用應適時檢視，例如E客戶。相關促銷方
  案目前準備調整，半年後追蹤E客戶促銷費用比例是否恢復
  70%以下。

小布（心想）：見好就收。

- 正常情況下「改善比究責重要」，若是硬剛下去，最後吃虧的通常是查核人員，事情也無法善了。

- 再說，只要「書面文字化」標準，查核人員日後可以有所依據，減少爭執空間。至於是否一定遵照標準執行，這是作業層次問題，到時候再想辦法一點一點往上鎖緊（要求）。

本節觀念回顧

- 刪去法是一項重要的推理演繹方法，當刪去所有不可能因素，剩下的部分不論多麼不可能，必定真實，可分3個步驟執行。

  1. 第一步，收集充足的資訊。

  2. 第二步，根據已知的資訊，推理出所有可能結果。

  3. 第三步，由此可能結果，分析更多資訊，刪去其中不可能者。

- 「戰略舉證」是借用刪去法的原理，讓疑問對象自己進行刪去不可能的因素，最後剩下的部分無論多麼不可能，都必定真實。

1. 提問時採用「漏斗式」提問，隱藏部分證據，使用開放式提問，引導對方自相矛盾。

2. 當理由藉口已經被疑問對象自己證實不成立，就不容易否認及撒謊。

• 正常情況下，得到「改善承諾」比「究責、懲處」重要。

• 對於產業特性、結構等「短期內沒有解決能力」之事，要懂得「在取捨中前進」。

• 當商業模式極重「網路外部效應、規模報酬遞增」等，此時獲利也許不是重點，可是銷售費用仍須建立評估方式。

第八章
投石問路

　　成語「投石問路」，原本意思是指夜間潛入某處前，先投以石子，看看有無反應，藉以探測情況，後世用以比喻進行「試探」。「投石問路」的應用場景很多，方式也多元；例如施公案第292回，有江湖相士，被縣官召見。

> 縣官：這邊坐著的這3女子，衣飾髮型一致、外貌年齡相仿。其中一位是我夫人，其餘是婢女。你如果能指認哪一位是夫人，則免你無罪。否則，再繼續擺攤相命，將治你妖言惑眾。
>
> 相士（知道徒弟不會，卻故意言道）：這麼簡單的事，我徒弟都辦得到！
>
> 徒弟（滿臉迷惘，看著相士）：師父，你沒有教過我啊！
>
> 相士（突然一巴掌拍在徒弟的腦袋上，順手一指）：這位就是夫人！

　　由於指認正確，在場之人都相信這位相士真的會看相。其實是

徒弟滿臉迷惘之狀，相士突然一巴掌拍在徒弟腦袋上時，師徒兩人頗為滑稽。2位婢女忍不住掩口失笑，絲毫未動的女子，當然就是教養端莊的夫人。

「投石問路」可以看成「挾知而問」的行動升級版，執行查核任務，希望藉著利用自己有限的「已知」，「確認」及「獲得」事情「未知」的可能方向、結果或答案。

例如在某部警匪電影中有這樣一個橋段，警務處長懷疑自己的幾位重要幹部之中有內鬼，於是單獨約談了這幾位幹部，並且一人給予了一個假消息。然後等待觀察那一個假消息外洩，就知道那一位幹部是內鬼。其中警務處長自己「已知」的部分是那一位幹部給予了那一個假消息，「確認」未知的部分是那一位幹部是內鬼。

又如電影《我在死牢的日子》中，毒販在機場見到海關人員檢查仔細，現場將一盒海洛因塞在羅吉鎮的行李箱，羅吉鎮因此被當成毒犯逮捕。陳松勇威逼（製造壓力）毒販「如果查到你與羅吉鎮搭同一班飛機回來、同一個關口出關，你就死定了」。接著道「你和羅吉鎮有仇喔？為什麼將二盒海洛因放在羅吉鎮的行李箱？」毒販「不是二盒，是一盒」。其中陳松勇「已知」的部分是誇大毒販持有二盒海洛因，「獲得」未知的部分是毒販因為亟欲否認，不假思索的說出自己當時犯行。

《孫子兵法》說「知己知彼，百戰不殆」。面對影響重大而不

確定的事物，有時需要小心謹慎的「投石問路」，測試未來如何發展的可能結果，將訊息主動權掌握在手上。關於「投石問路」，本節提供3個應用方式供讀者參考，分別是「做個實驗、適時等待、請君入甕」。

8.1 做個實驗

壓力測試（Stress　testing）是現代人常聽到的一個名詞，主要是針對特定系統或組件，確認其穩定性，刻意進行虐待實驗。通常是在逐漸超過系統正常使用的條件下運作，然後再確認系統運作情形，以得到以下結果。

- 系統可靠度是否符合預期。
- 在什麼條件下會損壞，使用的安全界限為何。
- 是否具有非預期的失效原因。
- 在正常工作條件以外，可以正常運作到什麼程度。

記得有一篇職場網文中寫道，將壓力測試用於自己上司，主要是想了解自己上司對於報告的品質要求在哪裡。該文中指出，「

如果字字斟酌、句句入理，上司一定滿意這份報告，可是極花時間，影響自己的整體作業效率。可是如果一上來就錯字連篇、詞句跳躍，這樣可能給予上司難以扭轉的負面印象。因此一開始使用99分的標準寫這份報告，明日錯幾個字，後天錯幾個詞，逐日放寬標準，直到上司因為看不下去，發話為止。就此知道原來上司的標準是75分，以後就使用80分的標準寫報告」。

　　有些讀者可能認為「這不就是一篇網文嘛！」歷史上真的有人這樣用在謀職及了解自己上司的主觀意識，例如戰國時期法家代表人物「商鞅面見秦孝公」的故事。

　　商鞅初見秦孝公，談論堯、舜以仁義道德教化天下的帝道治國，秦孝公直接打瞌睡。商鞅二見秦孝公，談論以禮樂制度為核心主張的王道治國，秦孝公快速結束對話。商鞅三見秦孝公，談論將道德作為口號（制高點）對抗其他諸侯的霸道治國，秦孝公對人表示想要任用商鞅。

　　透過這三次實驗性的談話，商鞅知道了秦孝公心中想法，秦孝公不想做太平諸侯，傾向霸道治國。可是霸道治國不能滿足秦孝公統一天下的雄心，於是商鞅第四次見秦孝公，提出了君主專制、獎勵耕戰的強道治國，秦孝公因此重用商鞅，開始變法。

　　「商鞅面見秦孝公」的故事，有些讀者覺得太過冒險，如果秦孝公不給商鞅第二次以後的機會怎麼辦？的確有可能不給商鞅第二

次以後機會，不過這等於也測試了秦孝公的氣度與決心；氣度與決心不足的君主，很難犧牲親貴利益，全力支持國家制度變革。

案例 38：（實驗失敗）這位董事長真的「格、致、誠、正」？

小布與某位董事長面試時，董事長表示「欲圖振興公司，推動組織變革、內部控制」，及表示「信奉明朝學者王陽明的心學，塑造格物、致知、誠意、正心等公司文化」。

小布入職後，觀察董事長確實以「格物、致知、誠意、正心等口號」提醒公司同仁向善發展，可是董事長本身因身兼多項榮譽虛職及四處演講，造成在公司時間不多。更重要的，董事長似乎不願意聽取有損其顏面的實情，可能「上有所好，下必甚焉」，其任用之幾位重臣多為傾巧之徒（苟求進身而歪曲言詞，無所不至）。

入職時，正逢公司更換一套以昂貴知名的ERP系統，由某位董事長愛將擔任專案負責人。其向董事長報告以業界正常1/4的時間導入系統完畢，董事長亦以此為榮，自豪於業界。

小布心中倒抽了一口冷氣，「導入時間只使用了業界正常的1/4，真的導入無虞？尤其是高層之愛將或紅人呈報績效及對未來做出承諾，應該特別注意，畢竟高層主管負責決策，對於收到資訊正確與否之影響巨大」。

　　小布驗證出貨、立帳、應收帳款等流程，發現應收帳款金額相較出貨立帳金額少了3.2億元。小布進一步驗證，發現這套所謂已經完成導入的ERP系統中，許多功能模組沒有設定完全，且資料報表的數據抓取邏輯也有若干問題。

　　小布自己做死，心中惡趣味陡生，決定以mail的形式向董事長發出非正式報告，看看董事長如何正視問題。例如是否承認系統導入有所缺陷，斥責這一位擔任專案負責人的愛將等。

　　同日中午，這位董事長愛將出面請小布離職，由人資完成後續離職事宜。處理發現問題的人，通常比正視問題輕鬆，也比處理問題迅速。這是一次失敗的實驗，不是每一個老闆都有秦孝公推動改革的氣度與決心。

案例 39：（實驗成功）　這位獨立董事真的有盡責管事！

　　小布與某位董事長面試時，董事長表示「其篤信人本精神，認為只有不值得信任的員工才需要被內部控制制度限制住。自古疑人不用，用人不疑，不值得信任就不應聘僱，因此內部控制制度是沒有什麼用處的東西」。接著表示「世外人，法無定法，然後知非法法也。天下事，了猶未了，何妨以不了了之」。小布心想「這位董事長真是佛系」。

　　小布入職後，覺得很奇怪，公司內怎麼滿地的成品或零部件，連走道上都隨處可見，這些成品或零部件是哪裡來的？

　　小布追查來源，原來是員工以雜項領料的方式領出。統計公司一年內雜項領料價值約1.1億元，其中53%沒有記錄領用原因。1.1億元中，單價8萬元以上者，共計58件，約1千萬元，56%沒有記錄領用原因；8萬元以下者，約1億元，52%沒有記錄領用原因。

　　小布追蹤單價20萬元以上之18件（總額460萬元）成品或零部件，申請人及領用人皆為虛假人員，且皆無法確認物品所在地點和保存情況。

　　小布提出管理建議，被行政管理部主管帶頭抨擊，其表示「任何管理都需要時間，不要讓領用作業複雜化」。小布向董事長尋求管理改善的支持，董事長表示「員工應該要被尊重，你們查核人員都把員工當成賊看，難道你喜歡被人當成賊看嗎？」

　　小布聽到董事長這一番言詞，一籌莫展，一般查核人員可能就此打住，不再想管。小布卻想「公司還有獨立董事，雖然獨立董事們都是董事長找來的朋友，還是可以試試有無機會」。

　　某日小布藉機將此訊息口頭傳遞予甲、乙、丙等3位獨立董事，冒險一試能否爭取獨立董事支持。甲獨立董事表示「建議你先詢問董事長的意見，再來告知我們」，乙、丙等2位獨立董事則沒有說話，小布心想「沒戲了」。

　　沒想到在董事會中，乙獨立董事公開嘲諷揶揄董事長「你們走道上都堆放著成品或零部件，會不會在員工家裡也堆著？說不定有一些短少的東西也都在員工家裡！」當下小布觀察董事長臉上一陣難看，立即領悟「從管理者介意處尋找支持的驅動力，董事長重面子，這次試驗得此意想不到的收穫，試驗成功」。董事長如同小布觀察的情形，隨即於會議中指示「這些領料應建立管理方式，列入管理」。

本節觀念回顧

- 做個小實驗，「確認」及「獲得」事情「未知」的可能方向、結果或答案。
  1. 使用實驗的結果，比單純推理，更具說服力。
  2. 後果不可逆轉的問題，不適合實驗。
  3. 如果產生意外的後果，實驗者要有自己承擔的心理準備。
- 推動改變時，切勿硬剛，可適時思考「如何一物降一物」，例如借勢（第4.1節案例，庫存管理不可能三角）、善用心理因素、從管理者介意處尋找支持等之驅動力。

8.2 適時等待

電影《讓子彈飛》有句經典台詞：「讓子彈飛一會兒」，其中「一會兒」是用時間副詞強調「只有等待時間到了，才可顯現效果」。至於子彈究竟飛往何處，只有讓子彈再飛一會兒才能知道。

有一類故事的確是「讓子彈飛一會兒」才能知道的翻轉劇情，例如技術超絕的巨盜，運用通天手法，破解一道一道的嚴密防護機關，竊走珍寶。結果整個現場竟是保全專家設計的真實環境，巨盜竊走的珍寶是假的，然後保全專家複盤及重現偷竊手法，分析原本防護措施的盲點，予以強化。

又如電影「鋼鐵墳墓」，聘請保全系統專家，測試各座需要高度戒護監獄的可靠性。電影中男主角偽裝成罪犯，親身關入監獄，研究各座監獄的結構設計和警衛習性，尋找及利用他們的弱點，使自己可以越獄成功。最後檢討這些弱點，改善各座監獄的戒護措施。

誠如故事情節，如果能尋找一位高明的罪犯或犯罪專家進行測試，是對於保全措施最有效的評估方式及改進方式，可是這個方式至少要克服以下3點。

• 要去那裡尋找高明的罪犯？

- 來的那位是否具有代表性？
- 測試過程是否可控？

案例 40：挖坑給駭客跳，
這支小小機器人「犧牲小我」保護工廠安全

　　網路安全行為研究中，為能解決上面3個問題，參考誘捕昆蟲的「蜜罐」，發明了蜜罐系統（honeypot）。原理是將貌似有價值的資源（誘餌）暴露在可受控（駭客不知這點）的環境，誘使各方駭客進行攻擊，用以了解其各種攻擊方式、讓研究者觀察入侵系統過程、發現是否具有未知漏洞等。

　　根據「Interesting Engineering」報導（網址：https://youtu.be/nUVRd0YWunM），越來越多工廠導入生產機器人，如果這些機器人遭受駭客攻擊，恐怕造成巨大的損失，甚至對於工廠工人產生安全危害。

　　鑑於資安攻擊防不勝防，完全防禦駭客入侵，不太現實。因此美國喬治亞理工學院決定採用蜜罐系統的概念，研發出一隻可以輕易入侵的誘餌機器人「Honey Bot」，吸引駭客攻擊，提早讓工廠知道「被盯上了」。

　　Honey Bot會透過造假資訊，讓攻擊者錯誤認知，以為自己正在

入侵工廠內作業的機器人。在被入侵的過程，Honey Bot不斷蒐集駭客資訊，回傳公司本部，讓資安人員得知攻擊者之資訊、手法、位置及身份。

案例 41：讓作弊者帶路是建立管理規範的有效辦法

小布初次查核信哥的故事，是在楔子一案例「董事長好友以極低成本購買公司貨品，要不要查？或怎麼查、怎麼驗證、怎麼防範公司損失？」第二次查核是在第3.1節案例「一間創造出穩定巨額銷售業績的小賣店」，第三次查核是在Part 3開篇案例「業務一哥為什麼要舞弊？」

信哥雖然屢次嚴重違反公司內部控制，可是畢竟信哥達成業績目標的能力強，而且信哥是總經理愛將的愛將、財務長愛將的外甥，因此董事長只好給總經理及財務長面子，僅勒令將信哥調去子公司或更換銷售區域。

鑒於信哥暫時無法得到對等程度的處置，小布心中陡生一個大膽想法「讓信哥發揮最大價值」。小布徵得董事長的同意，建立一個類似監理沙盒（Regulatory Sandbox）的實驗場域。

小布的構想，「讓作弊者帶路，是測試及建立管理規範之有效辦法」，信哥連續嚴重違反公司內部控制而不覺有錯、每次違反的

補充說明 12：監理沙盒（Regulatory Sandbox）

- 沙盒（Sandbox）是一個讓小孩安全遊玩與發揮創意的場所，在電腦科學領域，沙盒則是用來代稱一個封閉而安全的軟體測試環境。

- 監理沙盒是因應各種新興科技、商業模式出現，透過設計一個可監控風險的實驗場域，提供業者可以測試其產品、服務、商業模式、管理流程等之環境。在測試過程中，監管者針對發現的問題，尋找可行解決方案，作為未來修改或制定規則的參考方向。

方式不同且案例經典，若能在一個可控範圍，藉由信哥測試公司管理上的漏洞，也是一個補強控制措施及改善落實執行的好方法。

　　徵得董事長同意以後，小布針對信哥密集查核，快速破解其異常操作的手法（如下）。但是暫不以查核報告形式出具，僅檢討管理方式不足之處，一項一項修正。

- **挪移湊單**
  1. **化零為整**：將幾家小客戶的進貨量聚集成最大折扣數量。
  2. **借倉銷貨**：尋找適合之小客戶做人頭，進貨至最大折扣數

　　量，將貨銷售給該區其它未符合銷售資格之通路客戶，及
　　賺取價差。

3. **桃僵李代**：將出關客戶的貨物數量直接灌在某些人頭客
　　戶，賺取國內外之銷售價差。

4. **偷樑換柱**：尋找小客戶配合進貨，將貨直接交予盤商（或
　　由業務幫忙）流貨，並不實申請銷售獎金。

5. **移花接木**：針對不同通路間的銷售活動，計算後，擇有利
　　者在不同通路間相互灌貨、相互調量。

6. **寅吃卯糧**：有些客戶銷售淡旺明顯，所以平均分散貨量，
　　申請銷售獎金。有些客戶一季才能達成條件數量，故聚集
　　貨量，申請銷售獎金。

- **無中生有**

　1. **虛報庫存**：公司調降通路價格，因彌補客戶毛利，需要調
　　　查客戶庫存數量，計算價差總額；此時虛報庫存，例如客
　　　戶庫存100個，回報200個。

　2. **虛增訂單**：業績不足時，虛增一張訂單的數量，或一張訂
　　　單自己打一次、交予不知情的業務助理再打一次，日後再
　　　想辦法彌補差異。

　3. **偽造單據**：類似第3.2節案例「銷售通路活動獎金的意義是
　　　什麼」之手法。

4. **串謀製造虛假領用：**信哥的操作手法，陸續被小布查出，
　提出管理方式。信哥終於已經被防堵到了無法獨自操作的
　地步，因此尋找行銷部門幫忙，開立虛假領用需求。

　基於功能性部門串謀，任何管理制度皆將失效，這是這次監理
沙盒實驗設立的底線。因此當查出信哥尋找行銷部門幫忙，開立虛
假領用需求以後，小布決定結束實驗，連同上述實際案例，一併出
具正式查核報告。這次總經理與財務長也沒有出面維護，信哥淨身
離開公司。

本節觀念回顧

- 「適時等待」也是一種取得證明的實驗方式。
　1. 以時間證明管理措施不全、作業方式不對、投入資源不
　　足等。
　2. 遇到「無法快速求成、採取措施」的事情，靜觀其變，可
　　能才有機會創造處理氛圍及處理方式。
- 讓作弊者帶路是建立管理規範的有效方式。
　1. 必須考量測試者的代表性。
　2. 測試過程必須具有可控性（含設定結束條件）。

- 「可監控性」是建置實驗環境的重要條件。
  1. 蜜罐是偽裝成有利用價值的網路、資料、系統等，吸引駭客攻擊。並藉由其中監控軟體，監視駭客的入侵舉動及改善漏洞。
  2. 監理沙盒實驗是建立一個風險可受監控的實驗場域，作為採用各種方式測試其產品、服務、商業模式、管理流程等之環境。

8.3 請君入甕

挪威諺語「貓走了，老鼠在桌上跳舞（Når katten er borte, danser musene på bordet）」。老鼠最怕貓，當貓一離開，老鼠就可以明目張膽的跑到桌上跳舞慶祝。本句寓意是「適度管理是有必要的，否則底下的人容易失控或自我失序」。

不過這句話有個問題，「靠貓盯著，需要多少隻貓？需要盯到何時？」「殺一儆百」會不會更能以儆效尤？而且，如果這個該殺的「一」正好懷璧，就殺得更有價值了。

案例 42：（不作死就不會死） 失信報應

企業家曹德旺先生自傳《心若菩提》的第三章〈誠信為本〉，有一個「失信的報應」故事。曹德旺先生是福耀玻璃的董事長，當年準備向美國柯納公司採購一台315萬美元的設備；一位來自美國，持股10%，身為技術專家的副董事長黃照滿先生，負責採購，卻提高報價至350萬美元。

由於此前曹德旺先生已經得到柯納公司傳真，知道設備真實價格是315萬美元，因此決定「暫不出聲（看看黃照滿是否自己「作死」）」，並跟黃照滿有著一段對話。

曹德旺：我不懂技術，你是專家，技術合約（寫明詳細的
　　　　交付內容）麻煩你起草，明日同商務合約一起。

黃照滿（次日）：我認為不需要技術合約。

曹德旺：你們熟悉，我不熟悉，規定必須有技術合約。

黃照滿：我擔保，OK？

曹德旺：用你持有福耀的股份擔保？我們不接受空頭擔保。

黃照滿：可以。

曹德旺：那好，我與你簽一份擔保合約。簽好擔保合約，
　　　　我直接簽商務合同。付款由你做主，你說付款就付
　　　　款，絕對相信你。

半年後，設備不見蹤影，曹德旺先生聯絡柯納公司，約在香港
見面。

柯納：我們報價315萬美元，他和我們談價到300萬美元，
　　　但是卻騙你們是350萬美金。在我們美國聯邦法規
　　　定（欺詐股東），要坐5年到10年牢。

曹德旺：先前收到315萬美元的報價傳真，350萬美元是我
　　　　們董事會做的決定。這是我們自己內部的事，請履
　　　　行交貨。

柯納：曹先生，您是聰明人，我沒有問題。資料都在這個
　　　箱子裡，我送給您。我相信有一天您會與黃照滿打
　　　官司，用這箱子裡資料，在美國告他，您包贏。

最後，黃照滿的代價是以低價售回持有的10%股份，徹底退出
福耀玻璃。福耀玻璃股票上市後，市值上升20多倍。

案例 43：（不作死就不會死）請君入甕

接續第8.2節案例「讓作弊者帶路是建立管理規範的有效辦
法」，信哥終於將自己作死。可是公司業務人員眾多，推測不會只
有一位信哥，若是依靠著查核人員一直盯著似乎也不切實際，小布
心想「有沒有辦法讓信哥們自己出來呢？」

應驗「工作場所有神靈」這句話，小布正在考量是否進行第二
次的監理沙盒實驗，結果收到公司通知，希望小布至海外支援一項
任務。小布向董事長及總經理表示「不教而殺謂之虐，鑒於信哥案
例，建議對於業務人員進行一次內部控制宣導」。

宣導時，小布拆解了若干違反內部控制制度的案例及「贏」的
說文解字。最後告知將赴海外支援一年以上，期待與各位（業務人
員）再次相見。

圖 8.3 節 ［案例43］ 贏的字意

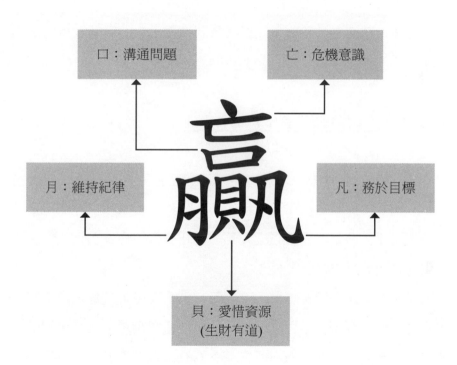

> **補充說明 13：「贏」的字意**
>
> - 亡：要有危機意識，人無遠慮，必有近憂。
> - 口：勇於溝通，隱匿問題，可能惡化至不可收拾。
> - 月：維持紀律，養成習慣。
> - 貝：生財有道，愛惜資源。
> - 凡：務於目標，以終為始。

宣導時，小布沒告知的事情，「查核人員在海外，一樣可以連線回來進行數據分析。鎖定目標以後，飛回台灣訪查也很快」。

所謂時窮節乃現、貓隱（查核人員不在了）鼠乃見，這次監理沙盒實驗的結果揭曉，百餘位基層業務人員中，有十餘位直接仿效信哥的手法，違規操作客戶進貨。基於法不責眾，捉大放小原則，此等基層業務人員，留案查看。7位中階業務主管中，2位違規情節相對嚴重，離職處分；1位違規情節相對輕微，調離原本負責區域，留案查看；2位自律甚嚴且負責區域業績超標，升職嘉獎，作為楷模。最後，業務總監（總經理愛將）因為管理監督失職（負有連帶責任），離職處分。

本節觀念回顧

- 不作死就不會死。

　1. 君子慎獨。

　2. 「殺一儆百」有時更能以儆效尤。

　3. 適時考量「請君入甕」，以其人之道，還治其人之身。

- 隨著作業流程成熟，應能嘗試尋找管理層面問題，而不僅限於遵循性查核。

　1. 現代之組織營運作業流程已充滿各式樣電子交易及報表資料，如果查核作業仍採用文件比對，已難滿足對於資訊可靠、及時回應等之要求。

　2. 應建立方便取得查核數據來源的自主性，嘗試使用「電腦輔助查核工具」，並依目的考量以專案或監理沙盒實驗等方式進行。

4
PART

防患於錯誤之前

勿恃敵之不來

　　延續Part 1~3小布去新公司前的空檔,因為意外,左腳趾骨裂。小布穿上氣動護具離開醫院後,各位讀者覺得小布的下一步應該做什麼?相信有讀者直覺反應「回家、穿著氣動護具走走看、聯絡保險公司理賠」,只是不論是否骨裂,都會回家;穿著氣動護具走走看,是在出院前就應該要做的事情;聯絡保險公司理賠,是確定整個醫療費用(含複診)以後要做的事情,優先順序上不會是下一步。

　　下一步要做的事情,應該是跟準備前去報到公司聯絡,詢問「報到以後的工作安排是什麼?」,如果新公司已經安排異地出差,需要先溝通清楚,避免耽誤新公司的任務安排。同時,這也是防範另外一種類型錯誤的發生。

　　一般而言的再發防止,是防範同一種錯誤類型的發生,例如「如何走路小心,防範下一次因為意外,再次骨折或受傷」。防範另外一種類型錯誤的發生,是屬於一種事前謹慎的做法,目的在於避免這次的「果」(骨折),成為後續其它不良的「因」。例如才去公司報到,就撐根拐杖,半年行動不便,此時新公司會怎麼看待!說不定認為小布心存不良,是來騙薪水的。

　　上面的問題中,包含著一個查核人員時常被人批評的觀點,許多人覺得「查核人員都是事後諸葛」。可是誰說查核人員「只能事後查核,只能等塵埃落定再來查核」。

如果能將一個諸多關係複合而成的因果網絡，謹慎拆解成若干個單純的因果關係，即可針對每個因果關係進行確認，確保這次過程的輸出，是其它過程良好的輸入，進以走到事中。

甚至在以「第一性原理、底層邏輯」剖析最終目標（最後結果），或以「整體視角」探討「眼前現象，會不會只是另一些目標的局部輸入」時，發現原來還有其它尚未辨識的「因」，從而走到事前。

案例 44：這次客戶沒繳款的原因不同以往！

小布觀察子公司應收帳款，發現某間重要經銷商已經逾期3個月以上沒有繳款，可是子公司仍續供貨。雖然ERP系統設定具有逾期1個月以上帳款，會鎖住出貨的功能，可是客戶信用管理部門一直解鎖此一功能，持續出貨予該經銷商。

小布尋找業務主管與精姐（第7.2節中的精姐，調來本案例中的子公司擔任營運長）詢問原因，兩人表示「這間經銷商就是奧客，喜歡拖欠貨款。可是你大可以放心，這間經銷商財力底子雄厚，不會賴帳不還。之前往來經驗，都是拖欠到一個數額後，就付款了」。

小布心想「好吧！等等看」。結果等了一個月，沒付款；等

了第二個月，沒付款；等了第三個月（最久帳款已經逾期半年以上），還是沒有付款。小布終於忍不下去，要求由業務人員陪同，一起拜訪這間經銷商。拜訪結果出乎小布意料，經銷商表示「你們公司已經半年多沒寄帳單，跟我們對帳，我們幹嘛付款？」

小布心中一驚「如果是真的，這次逾期的原因，就不是奧客拖欠付款，這是經銷商合理的不付款」。經過調查，半年前子公司隨同集團一起更換一套操作相對複雜的ERP系統，專門負責這間經銷商的會計人員年紀稍長，學習能力較弱，不熟操作，又不好意思詢問，開始亂做，因此不敢與經銷商核對。

調查結果出爐，精姐當下指示會計主管「資遣該名會計人員。另指派6名會計人員緊急分工，為這間經銷商重新作帳」。帳單核對完畢以後，這間經銷商立即付款。小布見精姐沒有絲毫囉嗦、馬上作出處置，且更換負責會計人員，經銷商也已付款，因此沒有多加注意與著墨在精姐的責任部分。

運氣好的事情，在這間經銷商付款完畢2個多月，這間經銷商因為老闆投資失利⋯倒閉！試想，如果基於過往認知或認為其財力雄厚，再多拖上2個月，才向經銷商了解不付款原因，有可能連一塊錢都拿不回來。

誠如孫子兵法所云「先為不可勝，以待敵之可勝」，意思是「先創造不被敵人戰勝的條件，然後等待戰勝敵人的時機」。「先

為不可勝」的條件有兩個，一是自強不息，一是避免犯錯。如何避
免犯錯？本書建議「事前預想模擬、設置事中指標」等2條參考原
則，在錯誤（重大負面影響）發生之前，謹慎有以待之。

第九章
事前預想模擬

．．

　　《孫子兵法》〈謀攻篇〉記載「知彼知己，百戰不殆；不知彼而知己，一勝一負；不知彼，不知己，每戰必殆」，在執行查核任務時，如果一定要將知彼與知己定出一個互動順序的話，應該是先知己，再知彼，然後回頭調整查核行動。

- **知己**：清楚列入查核之理由與目的，審視截至目前為止環境變化（含公司發生之重要事件、內部改變及已知問題等），是否影響列入查核之理由與目的。
- **知彼**：了解受查單位如何「以終為始」，例如受查單位的作業目標與組織目標是否扣合？目標設定有無異常？在此目標下，受查單位如何安排及執行作業？
- **調整**：在了解受查單位以後，預想模擬自己如何「以終為始」執行查核任務，例如預想查什麼、怎麼查，模擬其中可能發生異常現象暨安排後續驗證。

　　關於執行查核時「事前預想模擬」，本節中提供3個注意事項

補充說明 14：以終為始（Begin with the end in mind）

史蒂芬·柯維（Stephen R.Covey）所著《高效能人士的7個習慣》（The 7 habits of Highly Effective People）」中的第二個習慣，簡要來說，就是「先構思，後行動」。

• 構思階段：思考及確認目的，及需要做到那些事情才能達到這個目的。

• 行動階段：為能做到這些事情，安排其作業順序、過程、資源、時間。貝：生財有道，愛惜資源。

供讀者參考，分別是「假設合理，探求真意，確定因果」。

9.1 假設合理

了解受查單位如何「以終為始」或進行PDCA（計畫、執行、查核、行動）時，需要確實了解其因應目標之事前評估、分析及計畫產生等過程。很多時候目標設錯了，或目標達成要件的假設不合理，後面規劃及執行的一切就都歪了，最後失敗告終。

至此，或許有讀者質疑「塵埃落定才能以結果公允」。可是查核目的不是論成敗，是藉由查核讓組織更好，及減少失敗（損失）

的頻次（金額）。

　　在此可能也有讀者質疑「有些項目比較好查，例如生產、採購、會計等之組織內部作業事項。有些項目本身的過程較難界定、結果容易尋找開脫理由、執行受到外界互動影響，例如行銷活動、消費行為預測等；這些除了檢查申請核准流程、結案績效有無定期檢討等，還能查核什麼？」

　　關於消費行為，小布曾經指出某公司之某產品預測模型，具有那些假設條件缺陷，造成經營階層判斷偏誤，致使該產品每年15%交易筆數為負毛利。並以此15%之負毛利金額為1.7億元/年，要求調整模型。

圖 9.1 節　行銷稽核示意圖

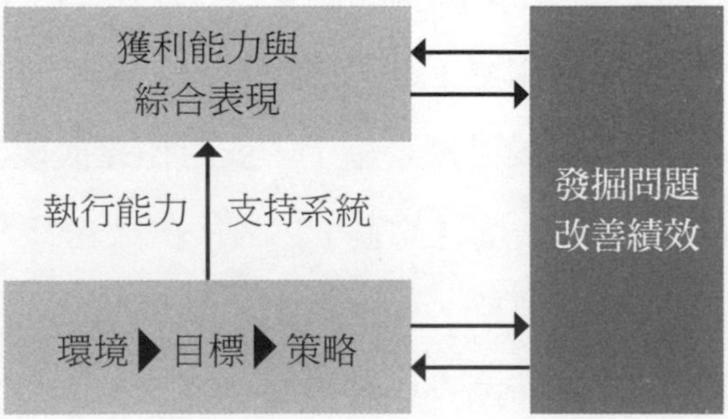

補充說明 15：行銷稽核6項要素

柯特勒（Marketing Mangement, 6th ed., 1988, p748~p751）。

- 環境稽核：包含技術、經濟、市場、競爭者、一般大眾、文化、政治、法律、客戶、通路商、經銷商、供應商等。
- 策略稽核：行銷目標及其策略（含現在與未來、公司使命等）。
- 組織稽核：評估在未來環境中執行策略的能力。
- 系統稽核：含分析、規劃與控制等支持系統之品質。
- 生產力稽核：檢查不同對象個體之獲利能力及成本效益。
- 功能稽核：綜合評估行銷組合要素，包含其產品、價格、促銷、通路、廣告、公共報導等之表現。

　　至於行銷活動如何提前查？查什麼？國際知名行銷學者柯特勒（Kotler）　1977說明行銷稽核，是「企業對其行銷環境、目標、策略、規劃、政策及相關活動，進行完整、系統、獨立及定期性檢查，以發掘問題的原因及機會所在，並建立一套可行的行銷計劃活動，以改善及提升公司績效」。

案例 45：銷售話術可以有效改變人性？！

　　小布進入這間公司的初期，這間公司的同仁表示「稽核人員執行查核，不需看數字，只需要從事後檢視是否符合公司核決流程」。經過小布近一年努力溝通，公司同仁開始認同「稽核人員執行查核，需要檢視數字之真實、合理，且事前查核是多一層預防，比事後檢視損失原因更具意義」。

　　小布從公司專案立案系統看到了一件尚在簽核流程的行銷專案，案名是「來店好禮十選一，均一價2,500元」。內容是為了增加店內客流量，凡消費者到店中消費，可在預設之10項各式價值不等的商品中挑一件，這10項商品不論原本價值為何，售價皆為2,500元。

　　行銷人員的試算表如下，其假設消費者隨機消費時，每項商品被消費的機率10%，10項商品的平均成本是2,490元，每項均一售價2,500元，平均每件毛利10元。但是行銷人員教育訓練店員引導消費的話術，在此話術引導下可以改變每項商品被消費的比例，期望平均成本因此下降至是2,155元，平均每件毛利345元。

　　小布指出其假設條件違反人性，現在價格資訊查詢及流通迅速，消費者行為將挑選有利可期的商品、厭惡帶來損失的商品，並出具改善意見「其達成可能性除需事前合理評估，行銷單位應確實

商品	成本價格（元）	消費者隨機購買之消費比例	店員話術引導之期望消費比例	試行一週後之實際消費比例
甲	1,300	10%	15%	0.0%
乙	1,500	10%	15%	0.3%
丙	1,800	10%	15%	0.8%
丁	2,000	10%	15%	1.1%
戊	2,400	10%	10%	6.3%
己	2,600	10%	10%	10.4%
庚	3,000	10%	5%	32.0%
辛	3,200	10%	5%	49.1%
壬	3,500	10%	5%	已取消
癸	3,600	10%	5%	
期望每件平均成本價格		2,490元	2,155元	2,994元
每件均價2,500元之毛利		10元	345元	- 494元

事後檢討，以做為日後經驗參考依據，稽核室將於後續檢視時追蹤及出具正式核算數據」，送呈至總經理。

　　總經理收到稽核建議，立即在專案系統中批閱「去除壬葵等兩項商品，將來店好禮改為八選一；暫時不進行活動宣傳，試行一週，觀察經話術引導之實際消費比例；一週後提出執行報告，決定活動調整與否」。

　　一週後試行結果出爐，引導話術果然無法戰勝人性之厭惡損失，實際消費比例如表，每件平均成本價格2,994元（負毛利494元）、一週損失約86.4萬元，總經理指示「調整此次活動商品結構，或取消此次活動」。

　　如果總經理當時沒有指示「去除壬葵等兩項商品，暫時不進行活動宣傳」，合理的相信這次損失金額將會大幅增加。若查核人員檢視一項失敗的行銷活動，除了建議確實檢討成效及活動設計以外，無法追回損失、也不適宜提請議處活動設計人員（除非證實故意讓公司損失），事前查核勝於事後追悔。

本節觀念回顧

- 執行查核任務時，應該先知己，再知彼，然後回頭調整查核行動。

1. 知己：清楚列入查核之理由與目的。

2. 知彼：了解受查單位如何因應作業目標構思及規劃後續
行動。

3. 調整：了解受查單位以後，預想模擬自己如何執行查核
任務。

• 觀察受查單位如何「以終為始」或進行PDCA循環。

1. 目標錯了或目標達成要件的假設不合理，後面多以失敗
告終。

2. 查核預測模型時，須注意假設條件有哪些缺陷。

3. 行銷稽核，可從環境、目標、策略、規劃、政策及相關活
動等進行。

9.2 探求真意

　　這個世界有件有趣的事情，「專家和一點概念都沒有的人，可能作出同樣行為現象，只不過背後理由不一樣。二個專家看待同一事實，可以發展出不同結果。而且使用相同規則，帶來效果和想像中的可能大相逕庭」。

• 同樣現象，不過背後理由不一樣

　　一則故事，有位藝術品收藏家的家裡遭竊，只是小偷僅偷走了一些不算很值錢的藝術品，家裡真正值錢的畫作、物品等都沒有被偷。警察接獲報案及收藏家朋友知道後，皆感慨說「知識真的決定命運，因為知識不足，小偷連偷都沒有偷到值錢的東西，錯過發財機會」。

　　可這位收藏家卻指出了另外一種事實，收藏家說「這個小偷也有可能是位行家，盜竊罪是按照市場價值金額判刑。萬一抓到，一幅知名畫作可能就讓這個小偷吃上許多年的牢飯。再說，知名藝術品，藝術界及收藏界都知道收藏者是誰，銷贓十分的困難。既然銷贓困難，何必要偷！這次失竊的都不算是很值錢的，知名的一件都沒有失竊，所以說這個小偷可能也是行家」。

- **同一事實，可以發展出不同結果**

　　一則故事，二位城市規劃師沿著街道觀察市容，做為規劃設計參考。走著走著，來到一座建築物前面，停了下來。一位規劃師說「這個建築物好，古色古香，若改建成博物館、美術館、音樂廳、觀光飯店等，十分應景」。

　　另一位規劃師卻指出了另外一種價值，說「這個地點好，交通四通八達，如果用來做醫院、行政中心、警察局、消防隊、百貨商場，可以覆蓋大部分區域」。其實這二位城市規劃師只是以不同的視角進行思考，至於那種視角才是對的，端看當時整體市政需求而定。

- **同等規則，效果可能和想像不同**

　　一則新聞報導「執法被拍怎麼辦？美國警察出奇招：放泰勒絲的歌」。內容是美國警察為了抵制民眾「反蒐證」，在民眾錄影的時候播放流行音樂，企圖讓民眾無法將影片上傳社群媒體。

　　美國科技媒體 The Verge解釋，「Facebook、YouTube等社群媒體都有自己的版權審查機制，他們利用演算法判斷影片是否具有侵權疑慮，一旦符合條件，可能被下架」。

　　結果報導中的影片不但沒有下架，反而因為警察播放流行音樂的爭議性作法，讓這段影片在YouTube和Twitter的點閱

數分別超過17萬次及76萬次。之後警察部門發表聲明「警員播放音樂的行為沒有被認可，日後不會再發生」。

未來有著不同角度，充滿著不確定性，不會只有一種情境，是最壞到最好的集合。當面臨受查單位時，你能不能「探求真義」，確定受查單位是使用了那一種情境，尤其當一個領域的資深人員或專家，犯下該領域的明顯或低級錯誤的時候。

案例 46：保守背後可能還有悲觀

最單純的採購行為，就是買方與賣方銀貨兩訖，再無瓜葛。可是有些採購行為需要比較複雜的分析，進行判斷與決策。例如採購專用機、通用機？其機器相關之耗材、包材、維修等互補品，是否協商捆綁式採購條件或日後各自獨立購買？

捆綁式採購條件有兩種最基本的協商方式，一是機器價格便宜一些，讓廠商賺取互補品的正常利潤；一是維持廠商機器的正常利潤，日後互補品的價格優惠一些。那一種方式比較合宜，需要取決於購買者的使用（生產）規劃。

某日小布接到同樣從事查核工作的好朋友紅番茄的電話，紅番茄表示「他因為查核建議錯誤，讓公司產生損失，被公司放飛了。

可是他認為他沒有錯，他的建議完全是按照當時行銷部門提供的新產品上市計畫，計算而來；怎想新品不到半年下市，造成他的建議落空，因而讓公司產生較大的損失；可是這個不能怪他，要被檢討的應該是新產品上市計畫」。小布和紅番茄復盤這次的查核過程與建議，紅番茄真的犯錯了，或者說紅番茄是被人套路了。

　　某日營運長請紅番茄審視新品上市計畫，為了此新品上市，公司購買專用機，建置一條新的生產線；採購條件是以廠商原本議定價格的60%購買機器、以115%購買後續生產耗材。紅番茄按照行銷部門提供的保守銷售預估數據計算，若以原本議定價格購買機器及生產耗材，約2年打平以60%購買機器所節省的成本，其後即可真的節省此多出的15%生產耗材（變動）成本。

　　紅番茄確認公司的現金流十分充足，沒有資金壓力，因此根據上述計算結果，做出計畫中採購條件並不合適的結論。行銷部門（副總）欣然接受紅番茄的計算與報告，改回以廠商原本議定價格購買機器及生產耗材。

　　沒想到該新品上市後完全推不動，不到半年決定停產，又因為是購買專用機，很難轉作它用。與原本計畫兩相比較，公司等於多付了40%的機器購買成本，行銷部門相關負責人員雖然被記過處分，但是營運長及行銷副總將損失的主要責任歸咎於紅番茄，紅番茄因此被請自願離職。

在這個案例中，紅番茄犯了以下幾個錯誤。

- 公司此前並沒有讓查核人員進行事前或策略查核的慣例，此次請紅番茄審視新品上市計畫，紅番茄應先伺機詢問其中變化。

- 營運長及行銷副總等專業人士，怎麼可能看不出來這種低級錯誤。一般而言，查核人員很難比作業單位更了解其負責業務，發現低級且影響重大的錯誤時，應先向作業單位探求真義。

- 這項新品最初是董事長的構想，相關作業人員的績效指標（KPI）設有推出新品，因此以此構想作為標的，亦可順了董事長的上意。實質上，為能做得煞有其事，故規劃採購專用機、將保守預估數字上調（保守預估背後還有更悲觀的數字）。可是又怕將來損失過大，被究責，所以協商以廠商議定價格的60%購買機器、以115%購買後續生產耗材。紅番茄最要命的錯誤，不是沒有了解前述關係，而是不應篤定的直接發出查核結論；比較建議的做法，應該是發出會議通知，拉著營運長、行銷副總與相關作業人員等（共同分攤風險），一起討論出更好的改善做法。

本節觀念回顧

- 孫子兵法「先為不可勝」有兩個條件，一是自強不息，一是避免犯錯。

- 審視問題，除了注意「表層」，更要注意「裡層」。

  1. 高層之愛將或嫡系部隊呈報績效及做出未來承諾，建議「倒言以嘗所疑」，避免盡信。

  2. 專家和一點概念都沒有的人，可能作出同樣行為，只不過背後理由不一樣。當發現一位專業人士犯下明顯的低級錯誤，一定要謹慎的探求真義。

- 查核人員不是作業執行單位，不負責作業事項的成敗；因此查核人員只能助推，不能主導。

9.3 確定因果

　　因果關係（causality）是指甲事件與乙事件間之作用關係，甲事件的輸出結果被當作乙事件的輸入變量，進而影響乙事件的輸出結果。例如設計高額的業績獎金制度，業務人員在受到此高強度的激勵以後，業績金額可能大幅提升。

　　為什麼要知道「因果關係」？因為大多數的凡人只看到當下的「果」，看不到事情源頭的「因」，造成「頭痛醫頭，腳痛醫腳」。但是名醫就不一樣了，例如戰國名醫扁鵲的二哥，在病徵初現找到病源，藥到病除。神醫就更提前了，例如扁鵲的大哥，在病灶產生之前，即建議病人適當調理，防病未然。

　　什麼是「因果網絡關係」？世事變數多元，牽連交錯，不是單純一對一的因果關係。因果網絡關係就是各個變數間之相互連結及其增強或減弱的關係，例如第1.1節中提到之美國顧客滿意度指數模型（ACSI）就是一組因果網絡關係。

　　有些管理者說「只看結果」，只看結果是最原始的管理方法。具有洞察力的管理者懂得「因果網絡關係」，找到與之相連的「原因變數」，解決問題。例如ACSI中，提升「顧客整體滿意度」，要往前看，處理「顧客期望、知覺品質、知覺價值」等3個方面的問題，這也就是「菩薩畏因，凡夫畏果」。菩薩明因識果，「好的結

圖 9.3 節　美國顧客滿意度指數模型（ACSI）

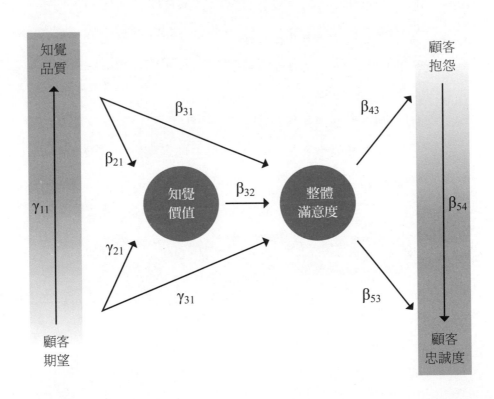

補充說明 16：美國顧客滿意度指數模型（ACSI）

- 1993/09/11美國政府在克林頓一份設立服務標準（Setting Customer Service Standards）的文件，委由密西根大學知名學者Fornell及其團隊發展美國顧客滿意模式。1994年底推出ACSI，每季度發佈一次，其宗旨在幫助美國企業提高在國際市場的競爭力，並通過ACSI指數變化分析國內經濟，提供政府制定經濟政策的有效依據。

- ACSI針對美國34種產業調查，透過15個隱性問題來衡量模式中6個顯性變數。由於ACSI是針對顧客滿意作整體衡量，其衡量方式不僅只考慮顧客的消費經驗，也必須進行前瞻性的評估，所以「顧客整體滿意度」在系統中扮演連結因果關係的中央因子。其中「顧客期望、知覺品質、知覺價值」等3項是顧客整體滿意的「因」，「顧客抱怨、顧客忠誠」等2項是顧客整體滿意的「果」。

果」要有「好的開始」。

- 不要迷信經驗與慣例，參閱第1.3節「根據底層邏輯調整認知」觀念及案例。ACSI為例，專注增強「知覺品質」，並

不等於有效增強「知覺價值」及「顧客滿意」。例如2007年
第一隻iPhone上市，其可靠性、續電力等皆相較傳統型手機
弱，可是正如Nokia執行長2013年所說「我們沒有犯什麼錯，
但是不知為什麼，我們卻輸了（We didn't do any thing wrong,
but, some how, we lost）」。

- 不要缺乏整體視角，參閱第3.2節「提高格局層次」觀念及案
  例。ACSI為例，「知覺品質」是「知覺價值」、「顧客滿
  意」等的局部性問題，而「知覺價值」、「顧客滿意」等是
  「顧客忠誠」的局部性問題。

- 不要遺漏滯後效應，參閱第4.1節「注意滯後效應」觀念及案
  例。ACSI為例，利用誇張廣告將「顧客期望」提升至極致，
  確實可以增加一時銷量；可是後面「知覺品質」、「知覺價
  值」等無法與之匹配時（期望越高，失望越高），將導致「
  顧客滿意」扣分很多。

- 不要忽略反面聲音，參閱第6.2節「聽取反面聲音」觀念及案
  例。ACSI為例，黑莓手機（BlackBerry）所有員工說iPhone
  影響有限時，黑莓機「顧客期望」、「知覺價值」、「顧客
  滿意」、「顧客忠誠」等已經開始低落，接著走向沒落。

- 不要罔顧因果關係，參閱第9.3節「確定因果」觀念及案例。
  凡事過猶不及，以ACSI為例，如果一昧使用高額消費者補

貼，欲圖直接加強「顧客忠誠」，對於「顧客滿意」無法產
生幫助，甚至可能造成客戶有效留存的假象。

案例 47：一次生管、製造、倉管的串謀

有些管理或查核人員發現舞弊行為，會認為這是蒼天有眼、賊
心該敗，可是卻從來沒有檢討過組織的管理方式（根因）是否出了
問題，舉例如下。

- 具有管理多元悖論、跟價值鏈中的成員爭利等問題，參閱第
  4.1 節。
- 內部控制制度十分不理想，不理想到讓人想佔便宜，不佔便
  宜會顯得像個傻子，例如第8.1節「這位獨立董事真的有盡責
  管事」案例中的控制環境。
- 比前者更糟糕的是「不合情理的管理、資源配置及KPI，造
  成制度殺人、逼著員工作弊自保」。

小布查核生產作業時，習慣依BOM表及途程計算每張工單之
每一種用料及工時的理論數值，與實際數值比較，挑出異常筆數，
分析是隨機性異常（背後多有故事）或穩定性異常（去除異常因子

後，可回歸穩定的正常）。暨以挑出的異常筆數為樣本，一併檢視其生產之長中短排程如何制定、如何依據排程開立生產工單與安排人力、領退用料及成品/半成品入庫是否確實等。

　　某日小布分析生產用料隨機性異常，追查後發現生管、製造、庫務等三個單位串謀，根因是該廠節省成本，庫務7人砍至3人。庫務沒有足夠人力及時點收完工數量，給予製造單位作業方便，依其所報數量入庫；一段時間累積盤虧，庫務請製造單位生產一批彌平差異數量；製造單位無從領料生產，尋求生管協助開立虛假工單領料；生管害怕生產數量不平，開立虛假工單後立即修改系統資料；但是走過必留下痕跡，因此被小布查出生產用料隨機性異常。

　　小布統計公司近一年因此損失300萬元，呈請廠長重新衡量人力資源配置及管理方式，並於查核報告中忠實反應庫務人力精簡，致使後續管控失守及單位間串謀的因果關係。

本節觀念回顧

- 具有洞察力的管理者懂得「因果網絡關係」。
    1. 若將一個諸多關係複合而成的因果網絡，拆解成若干個單純的因果關係，即可針對每個因果關係進行確認。
    2. 注意「好的結果」需要有「好的開始」，不要迷信經驗與

　　慣例、不要缺乏整體視角、不要遺漏滯後效應、不要忽略
反面聲音、不要罔顧因果關係。

- 逆查是確認真實性的有效方式之一。

1. 確認眾多相關事項流程所匯集最後一個關鍵步驟之結果。

2. 對於最後一道關鍵作業之結果予以解讀。篩選判斷異常的
樣本。

3. 逆向一關關往前追查各項可能產生問題的環節及原因。

第十章
設置事中指標

公元前354年，戰國時期名醫扁鵲晉見魏惠王。

惠王：聽說你有二位兄長，也是醫生，你認為你們兄弟三
　　　人中那位醫術比較高明？

扁鵲：大哥醫術最高，二哥次之，扁鵲最末。

惠王：為什麼我聽聞是你的醫術最高，二哥次之，大哥
　　　最末？

扁鵲：這是因為一般世人不知道醫理。大哥在病灶產生
　　　前，就建議病人調理得當，所以世人沒感覺到大哥
　　　有什麼醫術。二哥在病徵初現，就把病人醫治好，
　　　所以世人以為二哥只能醫治小病。我施展醫術時病
　　　人多已病重，所以世人以為我醫術最高。

　　現代查核，如同扁鵲2千多年前提出之預防醫療概念（預防四
兩輕，醫治千金重），倡導「風險導向」查核方式。就像醫生診
斷病情，觀察「健康指標」，深究紅字的原因，尋找可能問題及

影響，在真的變成重疾之前，向當事人說明病情及對症下藥，得到醫療上的認同。

　　「設置事中指標」（例如健康指標）時，除了建立量化之數字指標，本節中另外介紹「適時介入，留意感覺，通報機制」等3個的質化管理概念，供讀者參考，在木已成舟之前進行查核。

10.1 適時介入

　　「控制」是管理機能最後一個步驟，是PDCA（計畫、執行、查核、行動）循環中，C到A的過程。目的是確認所有安排的工作，都能正確無誤的依據規劃予以執行，然後適時採取必要的改正措施，以使工作結果可以達成目標預期。

　　對應「控制」的時間點，查核亦可區分為事前、事中、事後。功能有二，一是確認控制機制本身有無正常運作，另一是依序達到未雨綢繆（比如扁鵲大哥）、防微杜漸（比如扁鵲二哥）、亡羊補牢（比如扁鵲）等目的。鑒於事前查核、事中查核比較需要資料之即時性與正確性，對於查核人員來說具有一定難度，所以目前主流查核時點，仍以事後查核居多。

　　雖有古語「亡羊補牢，猶時未晚」。然而亡羊（損失）已經

補充說明 17：「控制」的階段

依時間點分為「事前控制（Precontrol phase）」、持續控制（Continuing control phase）、事後控制（Postcontrol phase）」等。

- 事前控制，又稱輸入控制。管理者在決定目標前，先行評估組織技術、資源，確保目標的可行性，並於事前預防問題發生，屬於比較理想的控制方式。

- 事中控制，又稱即時控制。在工作進行過程，隨時掌握及檢討進度，即時的修正行動偏差，讓管理者在未造成損失之前，即時改正問題。

- 事後控制，又稱回饋控制或輸出控制。指在工作行動發生以後，對已經發生的偏差採取矯正行動。因為錯誤已經發生，屬於一種較無效的控制方式。

產生，事後可以檢討改進，可是追回損失不易。再說，若已傷筋動骨，雖有扁鵲醫術，病人（組織、企業）治好（檢討改善完畢）仍在元氣大傷階段。因此事後查核功效，難與事前、適中相比。

案例 48：公司被通路商勒索，查核人員在何時出場

　　一日小布接到業務人員告知，某通路客戶某中低階主管慶生，希望公司表示心意；一日小布接到業務人員告知，某通路客戶地區團隊舉辦活動，希望公司贊助經費；一日小布接到業務人員告知，某通路客戶業務人員虧空貨款，希望公司友情填補。

　　小布覺得生意難做，還好這間公司賺錢，雖然三不五時被通路商的員工私下勒索，但是都控制在可控範圍內。換了一間公司任職以後，大額的來了，經銷通路之重要客戶表示「景氣不好，年度淨利目標堪憂，希望公司匯款或折讓貨款2,530萬元，襄助其達成淨利目標，通路客戶可以正規開立發票予公司平帳」。

　　很多查核人員發現支出費用有異，查到公司被通路客戶勒索時，通常只能無可奈何。一是損失已經造成，且費用經正式申請、核決，符合公司流程；二是這是現實情況，除非公司願意重要客戶靠向競爭品牌，或公司商品在銷售通路被莫名對待及不良引導；三是有些查核人員將自身限縮於辦公場域，因此很難求證此等金額真偽。

　　小布知道被勒索的第一時間立即表示反對「襄助他們淨利目標，誰來襄助我們獲利目標？」然而靜心思考，查核目的不是在開立缺失，應該是藉由查核讓組織更好及減少損失。面臨公司被通路

圖 10.1 節［案例48］公司被通路商勒索，查核人員在何時出場

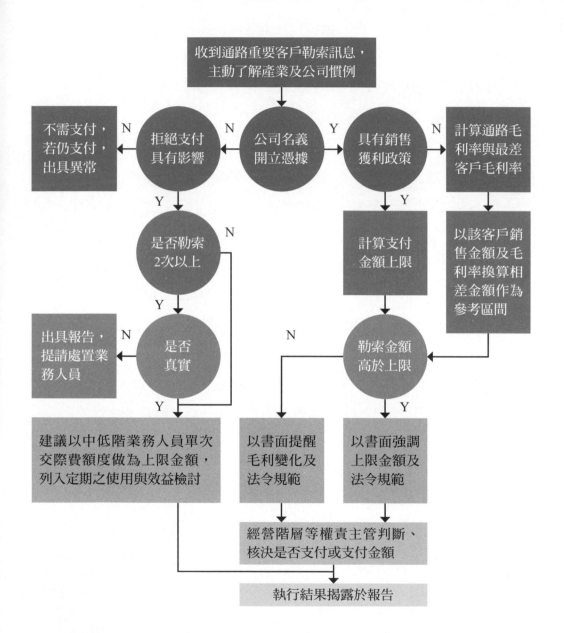

客戶勒索時，查核人員不能替代經營者決定接受與否；但是可以主動了解產業及公司慣例，再依循法令及公司規範等，進行查核及評估，提供經營者（包含董事長與總經理等）一個判斷、收斂及緩衝的空間，同時達到縮減無端損失之目的。

　　首先確認客戶是否以自身公司的名義勒索，例如可匯款至客戶帳戶或折抵貨款等，其亦可開立憑證（發票）予公司。如果只是其員工的私人行為，通常是小額勒索。

- 若為通路客戶勒索，依公司銷售獲利政策，計算符合政策下的可支付最高金額。如果沒有銷售獲利政策，可參考通路整體毛利率及通路中最差的客戶毛利率，再根據該客戶的實際銷售金額及毛利率換算提供經營者判斷與決策。上述2,530萬元之事件中，小布根據銷售獲利政策，計算上限金額1,460萬元；公司據此折衷為1,900萬元，減少支付630萬元。

- 若為客戶員工的私人勒索行為，仍先判斷此等員工（可能不只一人）可影響範圍。惟鑒於這是私人行為，若公司仍因投鼠忌器（小鬼難纏）而支付，建議以中低階業務人員單次交際費額度做為上限，一併列入定期之交際費使用與效益檢討。如果被同一通路客戶之員工私人勒索2次以上（考量查核成本，設定2次以上），建議查核人員探訪真偽，避免公司業務人員自行捏造或虛灌數額等情事。

本節觀念回顧

- 查核的目的不是在於開立缺失，是藉由查核讓組織更好及減少損失。
- 切勿認為事情理所當然，尊重每個階段程序的起迄，適時介入或暫停。
  1. 事前、事中查核，比塵埃落定之事後查核有益。
  2. 事前、事中查核比較需要資訊之即時性與正確性，需要建立作業之執行及管理單位對於查核人員的信任。
- 查核人員不僅限於組織內部查核，應能適時至組織外部及現場等探訪真偽。

10.2 留意感覺

有一則短視頻名為「天生我材必有用」，片尾字幕「生財
之道」。

> 某甲：老闆，我是來應徵金融投資交易員的。
>
> 老闆：之前交易成績如何？
>
> 某甲：老闆，我做過的交易沒有一筆是賺錢的。
>
> 老闆（露出不屑的表情及語氣）：這樣的投資成績，還來
> 　　　應徵什麼！
>
> 某甲（露出很有自信的表情，再次重複）：老闆，我做過
> 　　　的交易沒有一筆賺錢。
>
> 老闆（沉思了一下，露出醒悟的表情）：明天就來上班。
>
> 某甲（隔日）：老闆，我全部賣出了。
>
> 老闆：全體人員聽著，全部買入。
>
> 某甲：老闆，我全部買入了。
>
> 老闆：全體人員聽著，全部立刻馬上拋出。

這則短視頻的橋段，在港片中多有出現。例如「賭俠2002」，
張家輝飾演運氣背到極點的地獄倒楣鬼，事事時運不濟；馮德倫發

現這點，利用張家輝逢賭必輸的特性，將之作為明燈，每一把皆賭張家輝所下注的對家贏，因此逢賭必勝。「英雄赤女」也有這個橋段，陳小春在賭場中連贏多把，邱淑貞詢問「你下注怎麼下得這麼準？」陳小春「你看那個傢伙沒有，滿臉霉氣，就是一盞明燈，只要下注他所下注的對家，贏的概率就很高」。

　　所謂「工作場所有神靈」，尤其進入「心流」或「臨在」等狀態的時候，人的感覺特別敏銳。此時把這種感覺記錄下來，然後思考為什麼有這種感覺？這種感覺是否可以帶來什麼啟示？打個比方，若有辦法發現類似前述劇情「負面結果穩定性特別高」的人，先不論真實的原因是什麼，建議當成「紅色警示燈」，妥善觀察其經手作業或決策的相關事項。

案例 49：難道他是黑天鵝

　　精姐是一家子公司營運長，給人外顯形象非常精明，公司同仁稱她為精姐。小布與精姐的故事請參閱第7.2節案例「從採購合約中的錯誤，測試供應商的誠信」及Part 4案例「這次客戶沒繳款的原因不同以往！」。

　　除了這兩件案例，另有其它數起，挑選具代表性的敘述如下。在這些案例中，精姐皆沒有絲毫囉嗦、迅速作出處置（很有改善誠

意），因此小布當下都是認為精姐可能只是一時不察（或沒有外顯形象的這麼精明），也就沒有多加注意在精姐的部分。

- **強行特別採購瑕疵原料，造成代工生產損失：**

　　某日小布查核產品銷貨退回時，發現某批代工產品因品質不合格，被委託客戶整批退回。追查原因，這批代工產品的生產原料於收貨時即驗出瑕疵，採購與驗收人員向精姐表示原料品質問題，準備退回原料供應商；精姐以代工產品未能準時生產、交貨，將被委託客戶罰款為由，吩咐採購人員進行特別採購及投入生產。結果完工交貨以後，委託客戶不但整批退回，而且一樣罰款。

- **未以實際條件設置產線，造成嚴重人工損失：**

　　某日小布查核某條新設置的無人自動生產線，發現竟然多出8個人力。小布心中的話是：「不對，這是自動生產線，最多只需1人巡檢，怎麼可能使用到9個人？」

　　原來這條德商製的新式生產線，之前在台灣還沒有任何公司使用過，精姐為了新穎的宣傳口碑，決定接受德商的推薦，並吩咐工程部僅速完成建置。離譜的地方在於工程部表示「因為精姐連番催促，提供參數讓德商模擬生產狀況時，不小心遺漏一個重要生產條件。實體建置後，又因為經不起

精姐頻繁催促正式規模生產，工程部乾脆省掉小批量試車，即行出具驗收文件，讓廠商請款」。結果就是小布發現的情況，需要9個人從旁輔助將物料及半成品調整及歸位，這條產線才能正常運作。

- **搶短吃貨，向總公司求援時，又因溝通落差，造成雙重損失：**

　　某供應商有一批即期原料請精姐幫忙去化，精姐趁機將供應商殺價殺到見骨。沒有想到的是，市場銷售不如精姐預期，這批即期原料無法消化，因此精姐尋找總公司執行長幫忙。

　　總公司執行長憑著與客戶關係，6折請客戶進貨（這批原料成本夠低，6折核算仍是正毛利），然後回頭讓精姐趕緊生產時，這才發現精姐已經將這一批原料以進價8折讓給其它廠商。結果為了交貨，又從市場上以正常價格購買一批原料進行生產，以之前約定好的6折賣予客戶，結果毛利變成負13%。

　　某日凌晨，小布腦中突然閃過一絲念頭，立即從床上起身而坐。小布心想「不對，為什麼精姐經手的案子，多以負面結果收場，不是幫公司帶來重大損失，就是具有較大的潛在風險。難道精姐是黑天鵝？還是精姐的決策品質太差？或是尚有其它不知情的因

素？」既然如此，從公文流程系統中，只要看到需要精姐經手的案件，挑選金額較大者，不用等到執行或有結果，在規劃或核決階段即行查核，增加防患未然的機會。

本節「留意感覺」，如果借用統計分析術語做為概念上的比喻，就是找尋特徵值；例如開頭故事中在投資與賭桌上的反指標，

補充說明 18：預知保養

設備的維修與保養，大致可以分為3個演進階段。

- **故障維修：**顧名思義就是設備故障時予以維修。平時若不保養設備固然省事，只是設備故障時的停工損失可能也大。

- **預修保養：**又稱定期保養，依原廠建議或歷史經驗等安排計畫性及週期性的保養，跟年度稽核計畫類似，按表操課。缺點是很難反應預期外的設備異常，且對於不同設備通常採取一致性的保養週期，具有浪費資源的可能性。

- **預知保養：**透過設備端安裝的感測儀器及分析軟體，根據設備所傳回的運作數值，預測可能發生故障的時間，在最適當的時候安排保養與維修。好處是提前掌握設備故障時間，及避免一致性停機保養所造成的資源浪費。

查核案例中這位常常造成公司損失的作業或決策關鍵人物。當特徵值出現立即予以查核，也就是預知查核，類似「預知保養」的方式；例如有些公司如何預知那幾位員工可能離職，需加強注意？其使用文字爬蟲技術，分析員工mail內容，當mail內容出現某些特定關鍵詞或語意表達，該名員工半年內遞出辭呈的可能性極高，因此需要特別注意其可接觸的機敏資料，及提前做出慰留或安排職務接班人的規劃。

本節觀念回顧

- 將重要管控（即使只是一種感覺）做成清單，劃分階段進行檢視與確認。

    1. 重要事項在規劃與執行的過程中即可進行查核。

    2. 一些可能錯誤於事中就可以做阻止，不是只能事後檢討結果。

- 進入心流或臨在等狀態的時候，人的感覺特別敏銳，此時把這種感覺記錄下來，然後思考為什麼有這種感覺？這種感覺是否可以帶來什麼啟示？

    1. 「負面結果關聯性特別高」的徵兆（或人），在找到真正的原因之前，建議先行當成「警示燈」。

2. 如果資源（經費、資料、數據等）及技術許可，可以嘗試
對於組織之關鍵或重要作業建立預知查核的機制。

10.3 通報機制

「諫鼓謗木」是堯舜時代與民眾溝通所建立的通報機制。其中
關鍵成功因素有二，一是給予進諫之士當面直言的信心與勇氣，一

補充說明 19：諫鼓謗木

成語「諫鼓謗木」的意思是「廣開言路，聽取各方意見」。

- 出自於「淮南子·主術訓」，堯置敢諫之鼓（堯在庭中設
鼓，讓百姓擊鼓進諫），舜立誹謗之木（舜在交通要道立
木牌，讓百姓在上面寫諫言）。

- 晉朝學者葛洪予以肯定，其所著「抱朴子·博喻」記載，誹
謗之木設，則有過必知；敢諫之鼓懸，則直言必獻。

- 唐朝詩人白居易「敢諫鼓賦」則有更詳細的記載，內容概
要節錄如下。

  1. 設置目的：鼓因諫設，發為治世之音；諫以鼓來，懸作經
     邦之柄。

  2. 通報無阻：將使內外必聞，上下交正。

  3. 秉公處理：君至公而滅私，臣有犯而無欺。

  4. 暢所正言：諷諫者於焉盡節，獻納者由是正辭。

  5. 安心舉報：言之者無罪，擊之者有時。

是納諫之人需有納諫的仁德與胸懷；若二者缺一，將淪為虛有其表的擺設。

　　身為查核人員，聽取各方意見非常重要，可是如何廣開言路？除了設置讓通報人員無後顧之憂的通報機制，最重要的是成為作業單位之可靠後盾。讓他們知道，查核人員不是故意挑毛病，是為了為整體作業更好；查核人員不是只會檢討作業單位，作業單位遇到不情之事，查核人員也能協助他們解決或緩和問題。

案例 50：查核人員可以作為業管單位的後援

　　如第8.2節案例「讓作弊者帶路是建立管理規範的有效辦法」，其實還有比作弊者帶路更好的方法，那就是讓作業單位的人信任你或如第1.1節所述「成為組織內部顧問」。此時只要是重大專案或重大事件，所有職能的人都會希望稽核人員參與，因為他們已經認同不能沒有你、知道你會設身處地協助他們處理問題。

　　小布進入這間公司時，這間公司的同仁認為查核人員不需要看營運，只需要從作業文件檢視是否符合公司核決流程即可。經過小布不懈的努力，取得公司同仁信任，公司同仁逐漸認同「好的查核人員，可以助推達成營運效果與效率」之觀點，而且開始主動邀請小布協助檢視重要專案的控制設計。

此一期間小布努力方向如下。

- **展現一起面對現實（競爭）環境的壓力，及協助在取捨中進步：**

　　請參閱第7.3節案例「買客戶的調適」，其中小布認同小品牌廠商面臨競爭，適合跟隨策略。同時也對業務單位花錢買客戶的行為，建立了基本的規範限制。

- **藉由查核，協助取得更好的交易（或執行）條件：**

　　藉由查核，協助取得更好的執行條件，請參閱第2.3節案例「查前人所未查，結果取回了1.2億元的現金」，這裡另舉一個取得更好交易條件的例子。

　　小布此前在P公司任職，發現其重要客戶Q公司的貨款，常態性逾期12~15個月，詢問負責業務人員，業務人員表示「Q公司貨款本來不應該逾期這麼久，我們產品通過Q公司的嚴格驗收後，至多逾期半年。可是其稽核單位常常在驗收完畢，又跳出來質疑驗收過程不夠確實，或者提出一些嚴苛的產品問題，以致又多逾期6~9個月」。小布不解，直接聯絡Q公司稽核單位詢問，其稽核表示「他們只是配合採購及驗收單位扮演黑臉，讓Q公司的現金流更好看或取得折讓。如果採購及驗收單位為了維持關係，不方便對供應商挑剔及刁難

的事情，就由他們稽核單位出具意見」。

　　小布當時心想「這個稽核單位還要協助這種事情！真辛苦」。沒想到的事情，小布來了這間公司以後，公司高階主管表示「希望稽核單位幫忙，扮演黑臉，讓他們可以協商更好的交易條件」。小布立即表示「好，你們不方便說的問題，就告訴我。我酌情出具改善意見，讓你們有名目對外訴苦，你們也是迫不得已，誠請對方折衷一二」。

- **協助正確的與外部稽核單位溝通及通過檢查：**

　　公司因為某件事情，必須接受供應商委託專業顧問公司進行第三方稽核。如果稽核結果不利，根據技術部門估算，最高可能需要補償予供應商1億元。公司高階主管設想，外部稽核人員與內部稽核人員都有「稽核」兩個字，溝通語言可能比較接近，因此請小布幫忙陪同此次第三方稽核。

　　外稽首日，顧問公司提出「要在公司系統上架設監控設備，蒐集系統參數」。小布指出「根據合約，公司須接受供應商指定的第三方稽核單位現場觀察系統使用行為，沒有義務接受第三方稽核在公司系統上架設監控設備。且過程中，如果機敏資料洩漏，或公司系統運行不順，責任如何釐清？」。

　　顧問公司只好提出「請公司下載系統使用參數及Log（

軌跡），以茲分析及檢查」。小布指出「根據合約，公司須接受供應商指定的第三方稽核單位現場觀察系統使用行為，沒有將公司系統參數及Log提供予第三方稽核單位的義務。只要顧問公司依據合約所定方式，現場觀察系統使用行為，本公司必定配合。觀察過程中，若需筆記觀察事項，本公司也絕無阻攔」。

顧問公司沒辦法，只能使用現場觀察的方式。可是對於系統運作，現場觀察的效力很小。例如體檢，不可能使用肉眼觀察的方式，看出血壓、心跳、心血管、肝指數、內部臟器等之狀況。

顧問公司間歇性的現場觀察了三週，徒勞無功。只好想了一個話術，「在查核過程中，貴公司對我們禮遇有加。禮尚往來，D、E等2個項目我們不檢查了，也希望貴公司幫忙，提供A、B、C等項目的系統參數及Log」。小布立即回應「根據約定的查核範圍，你們接受供應商委託檢查A、B、C等3項，D、E等2項本來就不在你們的查核範圍，何來你們不檢查了之說？如果說禮尚往來，也該是簡化A、B、C等3項的查核過程」。由於顧問公司沒有取得系統任何的異常運作參數，當然只能出具「沒有異常發現」的查核報告。

- **協助完成重要專案（業務）的控制制度，並通過主管機關
審查：**

　　公司以200億元取得一項技術的使用授權，正式啟用前，
須通過外部審查單位對於其應用範圍、營運模式、內部控制
制度等3項審查。鑑於內部控制制度在審查之列，因此公司高
階主管徵得董事長同意，請小布幫忙。

　　從開始起草內容至通過審查期間，小布與本專案團隊同
仁每日下午2點準時至外部審查單位報到，虛心請教其回饋
意見及內容指導；下午6點趕回公司，連夜修改至凌晨2點下
班；次日早上8點到公司，繼續調整內容，周而復始的這樣過
了一個半月。雖然小布協助部分不多，可是卻得到公司高階
主管及團隊同仁的認同，讓他們知道「稽核人員不是只會提
醒那些作業具有風險（踩剎車），稽核人員可以在考量風險
以後，與公司共同面對外部檢驗」。

　　子曰「君子和而不流，中立而不倚」。查核人員亦應「為人和
順，但不隨波逐流；守信中庸，處世不偏不倚」。小布雖然離君子
的境界尚遠，卻以此為志。

本節觀念回顧

- 通報機制之關鍵成功因素有二,一是給予通報之人信心與勇氣,一是機制本身可以秉公無私的處理。
- 讓作弊者帶路是建立管理規範的有效辦法,廣開言路則是更全面的方式。
- 好的查核人員,可以助推組織達成營運效果與效率。
  1. 協助重要作業流程與系統之導入與驗證。
  2. 協助完成重要專案(業務)的控制制度,並通過外部機關審查。
  3. 藉由查核,達成更好的執行條件。
  4. 協助正確的與外部稽核單位溝通及通過檢查。
  5. 展現一起面對現實(競爭)環境的壓力,及協助在取捨中進步。

查核工作的感悟

　　本書至此已至尾聲，各章節與案例的對照整理如表。本書「查核心法」雖然是原創，卻不是憑空出世的獨創，而是在過程中，摸爬滾打，事後一點一滴自我復盤「哪裡可以做得更好、那些適合保留下來」。復盤越多，心得、面向與縱深也就越廣泛。

　　除了自我復盤，還需借鏡與模仿；借鏡與模仿以後，再復盤；周而復始，自學自強。其實查核行為自古有之，不是現代才有，我們可以看看古代人的查核方式及為什麼查核不到明顯異常，參考概念，鑒古知今。

章節			案例
Part 1 要不要查～避免情境干擾		**1**	董事長的費用若有異常，要查？
第一章 不以一時 決定	1.1 思考短中長期利弊	2	一項找死的任務、亦非個人職掌，是否拒絕
	1.2 從旁觀者角度思考	3	因應競爭，舊品組成新品出售，是否建言
	1.3 根據底層邏輯調整	4	自始未變的產業慣例，是否能夠更改
第二章 尊重核心 原則	2.1 釐清核心原則	5	基於認識組織文字風格，止付將付的5億元
		6	（未作職前調查）詐欺犯聘為財務長
		7	（未作職前調查）沒有發表記錄的優秀研究員
	2.2 正念思考	8	這張壁紙竟然是張大千的真跡
	2.3 風險評估	9	一塊不存在的廠房土地
		10	制服是否需要每季請知名設計師重新設計
		11	查前人所未查，結果取回1.2億元現金
Part 2 要怎麼查～不拘既有框架		**12**	採購目的與公司目標同調？
第三章 避免畫地 自限	3.1 保持開放心態	13	一間創造出穩定巨額銷售業績的小賣店
	3.2 提高格局層次	14	銷售通路活動獎金的意義是什麼
	3.3 在取捨中前進	15	僅某廠商零件，才能通過某大客戶驗收
		16	依規與資金斷鏈，困難的選擇
第四章 推演後續 影響	4.1 注意滯後效應	17	庫存管理不可能三角
		18	為什麼業務人員季 底都不出門拜訪客戶
	4.2 跳脫單一焦點	19	資深員工福利「夜班先排資淺員工」
		20	遲繳海關進口貨物稅的影響
	4.3 交叉複現狀況	21	從未調整過的生產標準工時與加班需求
第五章 攻錯他山 之石	5.1 虛心求教	22	公司不願投入資源因應競品長期促銷，怎麼辦
	5.2 建立基準	23	公司產品毛利去哪了
	5.3 狀況分類	24	為什麼「應收帳款日」在ERP系統 具有被延後現象

章節		案例	
Part 3 資訊收集～確實驗證疑問		25	業務一哥為什麼要舞弊？
		26	(案外案) 業務主管長期侵占業務獎金
		27	(案外案) 專門扮豬吃老虎的客戶
第六章 正話反說	6.1 倒言以嘗所疑	28	記錄在系統冗餘欄位中的關鍵訊息
	6.2 聽取反面聲音	29	記錄在紙本空白角落中的關鍵訊息
	6.3 假設自己作弊	30	這間優良工廠生產績效原來只是「緩步釋放」
		31	一份生產線保養紀錄的餘波
第七章 挾知而問	7.1 展現已知	32	共有多少物料適用特定的採購條件
		33	(子題一) 最小採購金額
		34	(子題二) 分量計價
		35	(子題三) 整組定價
	7.2 假裝不知	36	從採購合約中的錯誤，測試供應商的誠信
	7.3 戰略舉證	37	買客戶的調適
第八章 投石問路	8.1 做個實驗	38	(實驗失敗) 這位董事長真的格、致、誠、正？
		39	(實驗成功) 這位獨立董事真的有盡責管事！
	8.2 適時等待	40	挖坑給駭客跳，這支小小機器人「犧牲小我」保護工廠安全
		41	讓作弊者帶路是建立管理規範的有效辦法
	8.3 請君入甕	42	(不作死就不會死) 失信報應
		43	(不作死就不會死) 請君入甕
Part 4 錯誤之前～謹慎有以待之		44	這次客戶沒繳款的原因不同以往！
第九章 事前預想模擬	9.1 假設合理	45	銷售話術可以有效改變人性？！
	9.2 探求真意	46	保守背後可能還有悲觀
	9.3 確定因果	47	一次生管、製造、倉管的串謀
第十章 設置事中指標	10.1 適時介入	48	公司被通路商勒索，查核人員在何時出場
	10.2 留意感覺	49	難道他是黑天鵝
	10.3 通報機制	50	查核人員可以作為業管單位的後援

後記

鑒古知今「永不失效的三種查核具備能力」

　　古代查案故事，審查者是否客觀、公正、謹慎與適任，維繫著人性尊嚴與生命財產的樞紐，是故「查案故事」被期待情、理、法兼顧，忠實的描繪當時社會之寫照。作者參考傳統中國文學電子報第一四一期「聊齋誌異」公案故事析論，將古代查核案件的能力大致分為以下3類。

- 行為人在暗處，審查不易，藉由神鬼之力揭示。
- 行為人在暗處，審查人能縝密推理及謹慎驗證。
- 行為人在明處，審查人能洞察入微與通情達理。

實務探討 18：行為人在暗處，審查不易，藉由神鬼之力（資訊技術）揭示

　　古代較難以科學角度或方式解釋的事情，多推諉為鬼神之說，假借鬼神之力做事。現今由於資訊技術昌明，能掌握資訊技術，即掌握更佳之效果與效率。

　　現代查核應與時俱進，申請取得查核數據的自主性權限，使用「電腦輔助查核技術與工具」。以此過濾其中資料（類似全檢概念，分析原始資料暨找出例外或異常態樣，再行了解原因、處理方式、及其真實性與合理性），也可減少勞煩作業單位整理及提供資料的頻率。

　　相關例證，請參閱第5.3節案例「為什麼應收帳款日在ERP系統具有被延後現象」、第7.1節案例「總共有多少物料適用特定的採購條件」、第9.3節案例「一次生管、製造、倉管的串謀」等。

實務探討 19：行為人在暗處，審查人能縝密推理及謹慎驗證

　　許多查核人員習慣使用順查的方式，順查比較容易開始，執行方式是從一堆理論上應被核准的文件、驗證其完整性。但文件完整、不一定代表事件真實，因為真正的異常事件多半不會走正常文件流程。

　　逆查前必須先確認眾多相關事項流程所匯集之最後一個關鍵步驟，對於最後一道關鍵作業結果予以解讀、篩選判斷異常的筆數後，逆向一關一關往前追查各項可能產生

問題的環節及原因（類似將異常筆數當成魚骨圖的魚頭，不同之部門、功能、流程等原因當成魚骨）。雖然逆查比較麻煩，但較能驗證事情的真實性，也易發現問題，畢竟「真實性問題通常比完整性問題嚴重」。

相關例證，請參閱第3.2節案例「銷售通路活動獎金的意義是什麼」、第5.2節案例「公司產品毛利去哪了」、第6.3節案例「一份生產線保養紀錄的餘波」等。

實務探討 20：行為人在明處，審查人能洞察入微與通情達理

有些查核人員習慣遵循查核，著重依控制重點檢視「有或沒有、是與不是」，但是「有或是」有時只是形式上符合。例如有人簽名代表經過核決，可是核決者不一定真的仔細了解簽名內容，若僅是遵循查核，無法反應實質內容是否合理。

查核人員應嘗試尋找管理機制的問題，看到「有或是」時，要能進一步檢視其內容合不合理；看到「沒有或不是」時，要能尋找真正原因，才能治本。而且「內容上合理比形式上遵循更具探討意義」，從此著手才得彰顯查

核價值。

　　相關例證，請參閱楔子一案例「董事長好友以極低成本購買公司貨品，要不要查」、第2.1節案例「基於認識組織文字風格，止付將付的5億元」、第2.2節案例「這張壁紙竟然是張大千的真跡」等。

鑒古知今

- 現代查核與古代查案故事有相似之處，查核人員被要求符合誠正、客觀、保密、適任等基本原則，查核報告亦應兼顧情、理、法，且忠實反應與平衡報導。
- 若將查核重點放在逐字之勾稽、核對、偵錯，除了價值不彰，被替代性也高。查核人員應著重「影響組織目的、作業目標等達成的回饋」，在充分考量組織情況後，決定具有效果、效率之查核方法。
- 遵循與完整不代表事件真實，也不代表現象合理。因此需深入了解作業原理及產業領域知識，思考如何尋找現有機制的盲點。
- 查核人員應培養「資訊技術、縝密推理及謹慎驗證、洞察入微與通情達理」之能力，從古至今未變。

鑒古知今「常無查核發現的四種可能原因」

　　「白馬非馬」是中國諸子百家中「名家」代表人物「公孫龍子」的知名詭辯之一，「白馬非馬」的故事是有一天公孫龍子騎著一匹白馬準備進城，城門守官阻攔說「依照規定，馬不可以進城」，於是公孫龍子開始論證。「馬是指馬的形態、白馬是指馬的顏色，形態不等於顏色，所以白馬不是馬（白馬非馬）」，最後公孫龍子說服城門守官，騎著他「不是馬的白馬」進城。

　　經常遇人詢問「組織內部管理人員及稽核人員，發現重大異常事項的比例有多少」，雖然不知道確實比例，但想必比發生重大異常的比例低了很多。在這幾年連續幾起舞弊新聞後，也有人戲問「怎麼這些公司管理人員及稽核人員，好像大部分是沒有重大異常發現？」這樣的詢問，多少透漏對於這些內部之管理及稽核功能的質疑。更甚者以「白馬非馬」引喻「管理與稽核是指職能，管理人員及稽核人員是指分類，分類不等於職能，所以管理人員及稽核人員不具發現異常事項的職能責任」。

　　荀子〈正名篇〉記載了荀子對於「名家」的看法，引用其主張，淺談沒有重大查核發現（或沒有價值貢獻）的

補充說明 20：荀子揭示事物之三種似是而非（三惑）

　　荀子揭示事物的3種似是而非，名曰「三惑」，其分別是「以名亂名、以名亂實、以實亂名」。並提醒「事物有形式相同而本質不同，有形式不同而本質相同；形式相同而本質不同，屬於2個實質，形式不同而本質相同，屬於1個實質；凡事須從實質開始查核，進行確認（物有同狀而異所者，有異狀而同所者；狀同而異所者雖可合，謂之二實，狀變而實無別而為異者，謂之一實。此事之所以稽實定數也，不可不察）」。

4種可能原因。第一種是組織本身的問題，影響最為根本，後面3種是查核人員自身「似是而非」的觀念問題。

實務探討 21：組織文化、控制環境等問題，查核權限低落

　　荀子表示「名固無宜，約之以命，約定俗成謂之宜，易於約則謂之不宜。名無固實，約之以命實，約定俗成謂之實名」。

　　原文大意是舉凡世事必須先對「名」與「實」作出明

確的界定，以稽核單位為例，現在稽核單位因為法規提升地位，名義上與組織圖皆隸屬於董事會。可是許多公司的稽核人員並沒有因此提升實質的查核權限，有名無實之「名實不符」者甚多。

　　稽核單位名義地位與實質查核權限是否相符，是屬於組織文化、控制環境等問題，如果連查核權限都十分侷限，如何期待具有重大之查核發現或建議事項？

實務探討 22：程序完整、符合核決權限，代表一切正常？

　　小布曾經有幸閱讀一家公司連續兩年度的採購查核報告，該公司稽核人員10餘人，查核報告皆無異常發現，惟查核底稿中已出現值得往下追查的跡象。

- 多個規格相同的品項，先後兩次以上建立新的料號（規避歷史價格分析）。
- 部分指定獨家廠商採購簽呈雖然已經過總經理與董事長核准（流程單據完整、符合核決權限），但指定獨家原因說明與被指定廠商間沒有連結關係。

• 採購合約中的價格已經10年以上沒有調整，雖然合約皆經檢視及法務用印，惟因技術進步，該物料的市場價格已經降價數次。

經詢問，該公司數名稽核人員表示「查核重點為法規及流程（含核決權限）之遵循，相關主管有簽字即表示有做管控，主管必須對其核准事項負責」。可是流程完整、有人負責，不代表作業內容正確，因此也不足夠支持合理保證及沒有異常之判斷。若以「遵循性查核」的結論，當成以各種面向查核的結論，可能造成「以名亂名」。

實務探討 23：查核發現，
只是一套嚴謹方法的附帶結果？

某家形象良好公司，稽核部門人數10餘人，稽核主管不時提醒部門同仁嚴格執行某個受國際肯定的查核方法論。稽核主管表示「該部門在公司沒有顯著的查核發現，公司給他的資源也較其他部門少。但是要求同仁嚴格執行、不能遺漏任何一個步驟的方法論，決不會因此改變，查核成效只是該方法論過程中的附帶結果」。經訪談，該

部門同仁表示「稽核主管要求一絲不苟、嚴絲合縫的執行
這套查核方法論，可是當完成這套方法論敘述的前置準備
工作時，查核期限已經近底。為能如期查核完畢，後續只
能匆匆查核，草草結案」。

　　根據新聞報導，該公司有好幾起員工舞弊案，如果既
有作法無法帶來貢獻或有具體查核發現，就應嘗試改變。
這裡不是指其堅持的方法論不好，但是一套好的方法論必
須配合主題範圍、資源（人員、工具及時間）、營運作業
成熟度、外在環境等諸多情況進行調整。若將鉅細靡遺、
一成不變的執行一套方法論，當成合理保證及沒有異常之
結論，這種作法除了膠柱鼓瑟，無法得到查核效果以外；
判斷依據可能更為狹隘，甚至掛一漏萬，最後陷入「以名
亂實」。

實務探討 24：只要得到矯正，
即不用出具此次查核發現？

　　小布認識一位稽核界前輩，曾任職某產業龍頭公司內
部稽核10年（於第6~7年時升任稽核主管），其與前任稽核
主管皆因對於公司貢獻不足的原因，被請另謀出路，可是

這二位前後任稽核主管真的對於該公司貢獻不足嗎？

經了解，二位主管暗中主動協助解決了不少問題，許多中低階層員工皆覺得他們對公司貢獻良多。與董事長、執行長、財務長等高階主管認為他們貢獻不足之差異，主要源於二位主管覺得「只要異常事項得到矯正，即不用出具查核發現」的想法。經訪談，二位主管皆覺得稽核單位應行事低調，並覺得稽核單位應與人為善，只要異常事項得到改正，既給予受查單位機會，因此其歷年稽核報告皆為沒有異常發現。

稽核人員雖然必須超然獨立，但仍應適時展現，不然很可能與二位主管一樣的結果，該稽核部門在台灣也由配置5人、縮編為配置2人。另外，稽核報告是忠實反應、平衡報導，如果因為受查單位進行改善，即改變曾經有過異常的事實，出具無異常發現的報告，一是剝奪高階主管知道事實真相的權利，二是可能造成「以實亂名」。

鑒古知今

- 定位、格局與視野需要宏觀，不能僅止步於遵循稽核，或覺得完整性查核已經足夠。應能習慣分析內

容的真實性與合理性，並嘗試營運稽核、朝向策略稽核、放眼不是事後諸葛的事前稽核。

- 查核人員應與時俱變，不是抱持一套方法論，就足以恆久不變。尤其是在覺得沒有具體發現或講不出實質價值的時候，更要放下己見，如此才能因應變化，進行查核模式的調整與精進。

- 不要讓查核真的變成只是一個名詞，一是為了公司進步（發展的空間才會大），二是讓經營階層清楚知道真實情況，三是提升自己的份量與價值。

- 善用本書查核心法，周而復始審思、改良、創新，相信查核工作必可臻入佳境。

案例索引

實務探討索引

補充說明索引

查核心法

經營管理的失落環節【風險與效益間的稽核實戰】

©蔣永寵, 2022

本著作物中文繁體版經著作權人授與大雁文化事業股份有限公司／大寫出版
事業部獨家出版發行，非經書面同意，不得以任何形式，任意重製轉載。

大寫出版

書　　　系：使用的書In Action
書　　　號：HA0105
著　　　者：蔣永寵
行銷企畫：廖倚萱
業務發行：王綬晨、邱紹溢、劉文雅
大寫出版：鄭俊平
發 行 人：蘇拾平

出　　　版：大寫出版
發　　　行：大雁出版基地 www.andbooks.com.tw
地　　　址：231030新北市新店區北新路三段207-3號5樓
電　　　話：(02)8913-1005　　傳　　　真：(02)8913-1056
劃撥帳號：19983379　　　　戶　　　名：大雁文化事業股份有限公司

初版一刷 ◎ 2022年10月
初版五刷 ◎ 2023年11月
定　　　價 ◎ 600元
ISBN 978-957-9689-82-3

國家圖書館出版品預行編目 (CIP) 資料

經營管理的失落環節：查核心法
——風險與效益間的稽核實戰
／蔣永寵著

初版｜臺北市：大寫出版：
大雁文化事業股份有限公司發行，2022.10
354 面 16*22 公分（In action ; HA0105）
ISBN 978-957-9689-82-3（平裝）
1.CST: 內部稽核

494.28　　　　　　　　　　111016542